AF511447

Sitzungsberichte
der Akademie der Wissenschaften
der DDR
Mathematik – Naturwissenschaften – Technik

22 N

1977

Peter Mauersberger

Wasserressourcen und ihre anthropogenen Veränderungen

AKADEMIE-VERLAG · BERLIN

THEORIA CUM PRAXI

Sitzungsberichte
der Akademie der Wissenschaften
der DDR
Mathematik — Naturwissenschaften — Technik

Jahrgang 1977 · Nr. 22/N

Peter Mauersberger

Wasserressourcen und ihre anthropogenen Veränderungen

AKADEMIE-VERLAG · BERLIN
1977

Vortrag vor der Klasse Umweltschutz
und Umweltgestaltung am 16. Dezember 1976
von Prof. Dr. rer. nat. habil. Peter Mauersberger,
Leiter des Bereiches Hydrologie des Instituts für
Geographie und Geoökologie der Akademie der Wissenschaften der DDR

Herausgegeben im Auftrage
des Präsidenten der Akademie
der Wissenschaften der DDR
von Vizepräsident Prof. Dr. Heinrich Scheel

Erschienen im Akademie-Verlag, 108 Berlin, Leipziger Str. 3—4

Lizenznummer: 202 · 100/386/77
Gesamtherstellung: VEB Druckhaus Köthen
Bestellnummer: 762 596 4 (2010/77/22/N)/LSV 1465
Printed in GDR
DDR 6,50 M

Inhalt

1. Einleitung und Übersicht ... 5
1.1. Der Rohstoff Wasser ... 5
1.2. Sicherung der Wasserversorgung ... 6
2. Wassermengenbilanzen ... 6
2.1. Die Wasservorräte der Erde und deren Beanspruchung ... 6
2.2. Die Notwendigkeit des Schutzes und der Bewirtschaftung der Wasserressourcen 8
2.3. Nutzung des Meerwassers und des Polareises ... 9
2.4. Speicherung und Umverteilung des natürlichen Wasserdargebotes ... 9
2.5. Beeinflussung der Wassermengenbilanzen durch Bevölkerung, Industrie und Landwirtschaft ... 10
2.6. Die Wassermengenbilanz der DDR ... 11
3. Anthropogene Veränderungen der Wasserbeschaffenheit ... 13
3.1. Die Inanspruchnahme der Selbstreinigungsleistung des Grundwassers und der Oberflächengewässer ... 13
3.2. Eutrophierung, Saprobierung und Kontamination ... 14
3.3. Beispiele für die Einwirkung auf die Wasserbeschaffenheit ... 16
4. Prophylaxe und Sanierung ... 18
4.1. Gesetze und Standards ... 19
4.2. Begrenzung der Abwasserlast ... 20
4.3. Abwasserbehandlung ... 21
4.4. Nutzung von vorgeklärtem Abwasser und Klärschlämmen ... 22
4.5. Trinkwasseraufbereitung ... 23
4.6. Sanierungsmaßnahmen in Gewässern ... 24
5. Aufgaben der Wassernutzung und der hydrologischen Forschung ... 27
5.1. Aufgaben der nationalen, regionalen und globalen Wassernutzung ... 27
5.2. Ziele und Methoden der hydrologischen Forschung ... 28
5.3. Aufgaben der hydrologischen Forschung ... 29
5.4. Bemerkungen zu ausgewählten Fragen der hydrologischen Forschung ... 30
5.5. Schluß ... 34
Literatur ... 35

1. Einleitung und Übersicht

1.1. Der Rohstoff Wasser

Zu den Faktoren, die auf dem Planeten Erde günstige Lebensbedingungen für uns Menschen und für die uns anvertraute Tier- und Pflanzenwelt schaffen, gehört nicht zuletzt das Wasser. Der Schutz und die optimale Nutzung dieses für den Menschen, die Biosphäre und die Technosphäre unentbehrlichen Rohstoffes verdienen mindestens den gleichen Rang wie die Sicherung der Energieversorgung.

Wasser ist Lebensmittel, Produktionsmittel, Transportmittel und umweltgestaltendes Element. Im Unterschied zu anderen Rohstoffen wird das Wasser hinsichtlich Menge und Beschaffenheit — in gewissen Grenzen — durch Naturprozesse schnell *regeneriert.* Der globale Wasserkreislauf und regionale bzw. lokale Wasserkreisläufe bringen das abfließende Wasser zurück (Abschn. 2). Innerhalb dieser Kreisläufe und während der in sie eingeschalteten Zwischenspeicherungen des Wassers finden mannigfache physikalische, chemische und biologische Prozesse statt, die bestimmte Arten und Mengen von Wasserinhaltsstoffen um- und abbauen und damit die Selbstreinigung und Dekontamination bewirken. Das System dieser Prozesse ist im Zuge der Evolution entstanden und außerordentlich leistungsfähig (vgl. Abschn. 3.1.).

Die physikalischen und chemischen Eigenschaften des Wassers bedingen seine *zentrale Funktion in Geo-, Bio- und Technosphäre.* Es ist Lösungsmittel, Transportmedium und „Partner" in physikalischen, chemischen und biologischen Prozessen (z. B. Verwitterung, Primärproduktion, Verdauung). Aus den gleichen Eigenschaften heraus ist das Wasser aber auch Lösungsmittel für anthropogene Abstoffe, die die Wasserqualität beeinträchtigen, und auch Transportmedium bzw. Lebensraum für gesundheitsgefährdende Stoffe (z. B. Bakterien, Viren, Stoffwechselprodukte niederer Wasserorganismen). Der Abbau der Wasserinhaltsstoffe durch die Selbstreinigung und Dekontamination erfolgt selektiv und hat naturbedingte Grenzen. Die in diese Vorgänge einbezogenen aquatischen Biozönosen besitzen ein begrenztes Adaptionsvermögen an die anthropogen bedingten schnellen Steigerungen des Abwassereintrages in die Gewässer (vgl. Abschn. 3).

Bevölkerung, Industrie, Land- und Forstwirtschaft stellen *wachsende Anforderungen an die Wasserversorgung.* Die mengen- und qualitätsgerechte Bereitstellung des Trink- bzw. Brauchwassers sowie die Abwasserbehandlung sind integrierende Bestandteile des Produktions- und Reproduktionsprozesses der Volkswirtschaft. Die Wasserwirtschaft steht vor außerordentlichen großen Aufgaben (vgl. Abschn. 4 und 5).

Die *Erholung* an Gewässern und die Leistungsfähigkeit der *Fischerei* hängen selbstverständlich vom Zustand und der Entwicklung der Wasserressourcen ab und müssen bei der Bewirtschaftung der Gewässer voll berücksichtigt werden.

1.2. Sicherung der Wasserversorgung

Aus der engen Kopplung zwischen Wasser, Geo-, Bio- und Technosphäre resultieren die tiefgreifenden anthropogenen Veränderungen vieler Wasserressourcen. Den Zustand und die Entwicklung dieser Ressourcen gilt es gründlich zu analysieren und zu steuern. Die weitere Entwicklung der Gesellschaft und die Erhaltung gesunder Umweltbedingungen setzt eine hohe Qualität der Wasserressourcen, ihren Schutz und ihre optimale Nutzung hinsichtlich Wassermenge- und -beschaffenheit voraus.

Die Analyse der verfügbaren Wasserressourcen bezüglich der anthropogenen Eingriffe in natürliche Wassermengenbilanzen (Abschn. 2) und der Einwirkungen auf die Wasserbeschaffenheit (Abschn. 3) lehrt die Notwendigkeit einer umfassenden Wasserbewirtschaftung auf der Basis solider wissenschaftlicher Erkenntnisse. Zur Sicherung der stabilen Wasserversorgung von Bevölkerung, Industrie, Land- und Forstwirtschaft und als Beitrag zur Umweltgestaltung sind folgende Maßnahmen erforderlich: Fortschrittliche *gesetzliche Regelungen* (Abschn. 4.1.), moderne Verfahren der *Abwasserbehandlung* (Abschn. 4.3.), *Begrenzungen der Abwasserlast* für die Oberflächengewässer und für das Grundwasser (Abschn. 4.2.), Vermeidung überhöhten Wasserbedarfs usw. Die interdisziplinäre hydrologisch-ökologisch-technologisch-ökonomische *Forschung* muß zur Optimierung dieser Maßnahmen beitragen. Dabei ist die internationale wissenschaftliche und technologische *Kooperation* voll zu nutzen (Abschn. 5). Auch die Einbeziehung dieses Problemkreises in die *Öffentlichkeitsarbeit,* Schulbildung und *Qualifizierung* der Facharbeiter, Fachschul- und Hochschulabsolventen besitzt außerordentlich große Bedeutung.

2. Wassermengenbilanzen

2.1. Die Wasservorräte der Erde und deren Beanspruchung

Nur einen kleinen Teil der Wasservorräte der Erde können wir ohne großen Aufwand und ohne tiefe Eingriffe in die Umwelt nutzen. Diese Wasserressourcen werden bereits jetzt sehr stark in Anspruch genommen und müssen in Zukunft systematisch bewirtschaftet werden.

Die Wasservorräte der Erde sind außerordentlich groß (Tab. 1). Die Grundwasservorräte bis 800 m Tiefe und die Süßwasserseen haben daran aber nur einen Anteil von 0,3%. Streng genommen können wir sogar nur einen noch kleineren Bruchteil (0,01···0,1‰) ohne erheblichen energetisch-technologischen Aufwand und ohne tiefe Eingriffe in natürliche Ökosysteme nutzen. Ungerechtfertigt starke Inanspruchnahme der Rohstoff- und Energiequellen sowie zerstörende Eingriffe in Ökosysteme müssen vermieden werden. Die „leicht verfügbaren" Wasserressourcen sind deshalb optimal und möglichst schonend zu nutzen!

Tabelle 1

Wassermengenbilanz der Erde (Genäherte Zahlenwerte)

Gesamtmenge:	1 357 500 000 km^3
Darunter: Meere, Salzwasserseen:	1 320 000 000 km^3
Gletscher- u. Polareis:	29 000 000 km^3
Grundwasser	
tiefer als 800 m:	4 150 000 km^3
flacher als 800 m:	4 150 000 km^3
oberflächennah:	67 000 km^3
Süßwasserseen:	125 000 km^3
Flüsse und Ströme:	1 250 km^3
Abwasser in der Atmosphäre	13 000 km^3
Wasser in den lebenden Organismen:	1 100 km^3
Globaler Wasserkreislauf:	35 000 · · · 45 000 km^3/a
Bedarf (Bevölkerung, Industrie und Landwirtschaft)	
– zur Zeit:	3 000 km^3/a
– für das Jahr 2000 geschätzt:	18 000 km^3/a
Darunter Bewässerung der Landwirtschaftlichen Nutzfläche:	7 000 km^3/a

„Leicht verfügbar" ist für uns jene Süßwassermenge, die alljährlich im globalen Wasserkreislauf oder in regionalen bzw. lokalen natürlichen *Wasserkreisläufen* (Evapotranspiration, Niederschläge, Oberflächenabfluß, Grundwasserneubildung, Basisabfluß) die Kontinente durchläuft. Im Zusammenwirken von Atmosphäre, Hydrosphäre und Biosphäre liefert der globale Wasserkreislauf jährlich größenordnungsmäßig 40.10^{12} m^3 Wasser, das teils als Oberflächenabfluß, teils auf dem Weg über das Grundwasser über die Kontinente zum Meer zurückfließt und sich dem Menschen zur Nutzung anbietet [1] bis [7].

Der Mensch kann jedoch über dieses natürliche globale Wasserdargebot von $40 \cdot 10^{12}$ m^3/a mindestens zur Zeit nicht voll verfügen, weil in dieser Zahl die nicht regulierten Hochwasserabflüsse enthalten sind.

Der Wasserbedarf von Bevölkerung, Industrie und Landwirtschaft auf der Erde beträgt z. Z. $3 \cdot 10^{12}$ m^3/a und wird für das Jahr 2000 auf $18 \cdot 10^{12}$ m^3/a geschätzt, also auf die Hälfte des natürlichen Dargebotes [8]. Etwa $7 \cdot 10^{12}\, m^3/a$ sollen dann allein für die Bewässerung landwirtschaftlicher Nutzflächen eingesetzt werden. Dadurch dürfte sich mindestens lokal und regional die Evapotranspiration wesentlich erhöhen und der Abfluß bzw. das Wasserdargebot der Flußgebiete verringern. Unter diesen Bedingungen müssen die Wasserhaushaltsbetrachtungen überdies mit einer Analyse des Wasserdampftransportes in der Atmosphäre gekoppelt werden. Erste Versuche in dieser Richtung werden unternommen (UNESCO—WMO-Seminar „Wasserhaushalt Europa", 27. 9. bis 2. 10. 1976 in Varna, VRB).

Starke *regionale, lokale bzw. zeitliche Abweichungen* sowohl des Wasserdargebotes als auch des Wasserbedarfs von diesen globalen und über Jahrzehnte gebildeten Mittelwerten bedingen, daß auf etwa 60% der Festlandsflächen der Erde Mangel an Frischwasser besteht und daß „Trockenjahre" die Wasserversorgung von Bevölkerung, Industrie und Landwirtschaft gefährden. Nach einer Einschätzung der Weltgesundheitsorganisation (WHO) werden z. Z. 300 Mio Menschen auf der Erde ungenügend mit Wasser versorgt. Die globalen und regionalen Probleme der Wasserversorgung werden auf der UNO-Weltwasserkonferenz 1977 behandelt werden (März 1977, Argentinien).

2.2. Die Notwendigkeit des Schutzes und der Bewirtschaftung der Wasserressourcen

Bereits diese globalen Betrachtungen zeigen, daß die anthropogenen Eingriffe in die natürlichen Wasserkreisläufe nicht mehr den Charakter von „kleinen Störungen der Naturprozesse" besitzen. Den Schutz und die Bewirtschaftung des Wassers muß der Mensch in großem Maßstab gewährleisten und die natürlichen Regenerativkräfte voll nutzen.

A. A. Sokolov [9] schätzt ein, daß bis zum Jahre 2000 die meisten verfügbaren Wasserressourcen Europas bis an die zulässige Grenze ihrer Nutzungsmöglichkeit einbezogen sind. Bei einer genaueren Analyse der Inanspruchnahme der Wasserressourcen in allen Regionen und Staaten der Welt (s. [4] bis [7]) und bei der Untersuchung der Belastung der Wasserressourcen mit Wasserinhaltsstoffen anthropogenen Ursprungs findet man bestätigt, daß wir in erheblichem Maße in die Wasserressourcen eingreifen und deshalb deren Bewirtschaftung und Steuerung übernehmen müssen. Beginnend im lokalen Maßstab und fortschreitend zu immer größeren Bereichen und Zeiträumen müssen wir deshalb umfassende *Wasserbewirtschaftungssysteme* entwickeln.

Nicht nur ganze Flußgebiete und Grundwassereinzugsgebiete, sondern immer komplexere Wasserressourcensysteme zusammen mit ihren Nutzern und mit allen wasserwirtschaftlichen Maßnahmen müssen als Ganzheit angesehen, überwacht, modelliert, gesteuert und in Zukunft auch geplant werden [10] bis [13]. Die Wechselwirkungen zwischen Hydro- und Atmosphäre und die Einbettung der Wasserkreisläufe in geophysikalische Grenzbedingungen sind künftig stärker als bisher zu berücksichtigen!

2.3. Nutzung des Meerwassers und des Polareises

Es werden Möglichkeiten gesucht, das Süßwasser zu vermehren.

Bei *Inanspruchnahme tiefer Grundwasservorräte* würde mindestens zum Teil auf eine Regenerierung verzichtet, also ein echter „Abbau des Rohstoffs Wasser" vorgenommen werden.

Die *Entsalzung von Meerwasser* ist nach mehreren physikalischen Prinzipien und technischen Methoden möglich (Destillation, Vakuumkristallisation, inverse Osmose, Elektroionenverfahren). In Gegenden, wo das Süßwasserdargebot ungenügend ist, aber Salzwasser, Brackwasser oder salziges Grundwasser und elektrische Energie (Kernenergie) zur Verfügung stehen, gewinnen diese Verfahren zunehmend an Bedeutung. Zur Zeit wird auf der Erde nur etwa 0,1% des Gesamtbedarfs an Süßwasser durch Entsalzung gewonnen [14] bis [19].

Die Gewinnung von Süßwasser durch das *Auftauen von Eisbergen,* die aus den Polargebieten über den Ozean herangeschleppt worden sind, wird mehr oder weniger ernsthaft diskutiert, dürfte sich aber auch in Zukunft in relativ engen Grenzen halten, zumal wir bei erheblichen Eingriffen in die Polareismenge die Auswirkungen auf die Atmosphäre und das Klima sicher voraussagen müßten.

2.4. Speicherung und Umverteilung des natürlichen Wasserdargebotes

Damit die stabile Versorgung der Bevölkerung, Industrie und Landwirtschaft mit Trink- und Brauchwasser erreicht wird, müssen sowohl die zeitlichen Schwankungen des Wasserdargebotes als auch die örtlichen Differenzen zwischen Dargebot und Bedarf so weit wie möglich ausgeglichen werden.

Die *Speicher* und *Talsperren* dienen zugleich dem Hochwasserschutz, der Niedrigwasseraufhöhung, der Energieerzeugung und als Trink- und Brauchwasserreservoire (z. B. für Beregnungswasser).

Ein *Beispiel:* Die mächtigen Ströme und weitverzweigten Flußläufe der UdSSR führen einen jährlichen Gesamtabfluß von 4500 km^3, der aber sehr ungleichmäßig über das Jahr verteilt ist mit einem Extrem während des Frühjahrshochwassers bzw. — im Fernen Osten — während des Sommerregens. Auch die regionalen Unterschiede der Wasserführung sind — mitbedingt durch die verschiedenartigen klimatischen Bedingungen — beträchtlich. Im asiatischen Teil der UdSSR sind viele Flüsse monatelang zugefroren und speisen während der Auftauphase große Sumpfgebiete. Am angespanntesten ist die Wassersituation im Wolgagebiet und im Zentralen Schwarzerdegebiet, wo in wasserarmen Jahren nur 30% des mittleren Abflusses (16 km^3/a) zur Verfügung stehen. Etwa 200 Stauseen mit einem Gesamtfassungsvermögen von 400 km^3 wurden deshalb in der SU errichtet und mit einer hohen Erzeugung an elektrischer Energie verknüpft (Äquivalent zu $50 \cdot 10^6$ t/a Einheitsbrennstoff). Ein Kanalsystem von etwa 4000 km Länge ermöglicht die Umverteilung von 40 km^3 Wasser pro Jahr [20] bis [22]). Daneben spielt das Grundwasser, dessen Fördermenge naturbedingt geringeren zeitlichen Schwankungen ausgesetzt ist, als wesentliche Wasserressourcen eine wichtige Rolle, auch wenn dieses Dargebot dem Betrag nach in der Regel unter 25% des Gesamtflusses liegt.

Ein Beispiel für die Überleitung von Wasser mit Hilfe von *Fernwasserleitungen* ist das Trinkwasserverbundsystem Elbaue—Ostharz. Es versorgt die Ballungszentren der Bevölkerung und Industrie in den Bezirken Halle und Leipzig. Angeschlossen sind Halberstadt, Staßfurt, Eisleben, Hettstedt, Halle, Merseburg, Dessau, Bitterfeld, Eilenburg, Leipzig, Torgau und andere Städte. Die Gesamtwassermenge (100 hm^3/a) wird der Elbe und — zu mehr als der Hälfte — den Ostharztalsperren entnommen. Die Fernleitungsstrecke ist 130 km lang [62].

Durch derartige wasserwirtschaftliche Maßnahmen wird eine enge Kopplung zwischen verschiedenen Wasserressourcen hergestellt oder verstärkt. Nur aus einer *gemeinsamen Mengenbilanz* für Flüsse, Seen, Speicher, Grundwasser und Bodenfeuchtigkeit können die hydrologischen Basiswerte für wasserwirtschaftliche Maßnahmen abgeleitet werden, die entscheidend die industriellen, landwirtschaftlichen und kommunalen Entwicklungsmöglichkeiten der betrachteten Region mitbestimmen. Dies gilt auch für das Flachland der DDR, wo intensiver Austausch zwischen dem Oberflächengewässer, dem Grundwasser und der Bodenfeuchtigkeit besteht.

2.5. Beeinflussung der Wassermengenbilanzen durch Bevölkerung, Industrie und Landwirtschaft

In wasserarmen Regionen und in hochindustrialisierten Staaten wird das natürliche Wasserdargebot in immer höherem Maße ausgenutzt bzw. vom Wasserbedarf übertroffen, weil der Prokopfbedarf der Bevölkerung ständig steigt, weil die Urbanisierung und Industrialisierung den Wasserbedarf erhöhen und weil die Intensivierung der landwirtschaftlichen Produktion umfangreiche Bewässerungsmaßnahmen erfordert, die aus der Sicht des Wasserwirtschaftlers sogar zu einem „Wasserverbrauch" durch Evatranspiration führen.

Die Inanspruchnahme der Wasserressourcen für die Trinkwasserversorgung steigt einerseits infolge der *Zunahme der Weltbevölkerung*, andererseits mit der *Erhöhung des Wasserbedarfs des einzelnen Menschen*, die eng mit der fortschreitenden Urbanisierung und der Verbesserung des Lebensstandardes verknüpft ist (z.Z. 100 ··· 200 l pro Tag und Einwohner: Extremwerte bei 500 bis 600 $l \cdot E^{-1} d^{-1}$). Der Wasserbedarf steigt schneller als die Bevölkerung. In der VR Polen hat sich der Bedarf zwischen 1960 und 1970 verdoppelt, in Schweden in den letzten 30 Jahren vervierfacht [8].

Die *Industrie* entwickelt wasserschonende und wassersparende Technologien sowie geschlossene Wasserkreisläufe mit betriebsintern zwischengeschalteter Abwasserbehandlung. Die Erhöhung der industriellen Produktion kann trotzdem zu einer Steigerung des Gesamtbedarfs führen. Die Industrie der DDR wird durch wassersparende und wasserschonende Technologien den spezifischen Wasserbedarf der Produktion bis 1980 um 20% senken. Da sich im gleichen Zeitraum die industrielle Warenproduktion erhöhen wird, muß mit einem leicht steigenden Gesamtbedarf der Industrie gerechnet werden (114% zu 1970) [39]. Auf die Frage der Wasserbeschaffenheit gehen wir später ein.

Land- und Forstwirtschaft beeinflussen durch die Veränderung der Vegetation und der Bodenstruktur den Wasserhaushalt, das Rückhaltevermögen, die Versickerung und die Evapotranspiration [23] bis [25]. Die industrielle landwirtschaftliche Produktion ergreift umfangreiche *Be- und Entwässerungsmaßnahmen,* die in wachsendem Maße in die Wassermengenbilanzen und Wasserkreisläufe eingreifen.

Zwischen der Höhe der Ernteerträge und der Evapotranspiration bestehen direkte Zusammenhänge. (Die Erhöhung der täglichen Gesamtverdunstung um 1 mm entspricht bei Gerste einer Zunahme der Biomasse um 50 kg/d [27], [28].) Der Abfluß kann erheblich zurückgehen. Für die Ströme Dnjepr, Don und Wolga rechnet man mit Abnahmen von 1,5 bis 3,5 bzw. 5 km^3/a [29], [30].

In *Waldgebieten* ist die Evapotranspiration wesentlich verändert, meist erhöht gegenüber angrenzenden Feldern. Die Interzeption erreicht 25% des Niederschlags. Die wasserregulierende Wirkung des Waldes ist unumstritten. Der quantitative Einfluß auf die Wasserhaushaltgrößen hängt von Art und Alter der Bestände, von der Bodenvegetation, dem Bodentyp und anderen Faktoren ab [24] bis [26].

Die *Umgestaltung der Landschaft* und speziell der Verdunstungs- und Versickerungsbedingungen durch die Landwirtschaft, insbesondere aber durch die Industrialisierung und *Urbanisierung,* bewirkt eine charakteristische anthropogene Veränderung des Abflußvorganges: Die Hochwasser treten schneller und mit erhöhten Scheitelwerten auf (vgl. z. B. [31] bis [35]).

Derartige Effekte müssen in Prognosen für Wassermengenbilanzen berücksichtigt werden, stören jedoch häufig die statistische Homogenität der hydrologischen *Beobachtungsreihen,* die als Basis für derartige Prognosen benötigt werden (Zeitreihenanalyse und -simulation).

2.6. Die Wassermengenbilanz der DDR

Gegenüber den anderen Staaten Europas und im Vergleich mit dem Mittelwert für die Erde zeichnet sich die DDR durch einen außerordentlich hohen Nutzungsgrad des natürlichen Wasserdargebotes aus. In den kommenden Jahren und Jahrzehnten werden sich die Anforderungen noch erheblich steigern. Die wasserwirtschaftliche Praxis und Forschung stehen vor außerordentlich großen Aufgaben, die nur gelöst werden können durch die schnelle und äußerste Anspannung aller mobilisierbaren Kräfte und durch die optimale Abstimmung zwischen den volkswirtschaftlichen Anforderungen und den wasserwirtschaftlichen Möglichkeiten [37].

Der langjährige raum-zeitliche Mittelwert des Abflusses aus dem Gebiet der DDR beträgt $17{,}4 \cdot 10^9\ m^3/a$. Er errechnet sich als Differenz zwischen den mittleren Niederschlägen (660 mm/a), der mittleren Verdunstung (500 mm/a) und der Fläche der Republik [37] bis [41]. Der zum größeren Teil nach 1945 gebaute Speicherraum (z. Z. $1{,}2 \cdot 10^9\,m^3$) ermöglicht uns ein mittleres reguliertes Dargebot von $10{,}7 \cdot 10^9\,m^3/a$. Der gesellschaftliche Gesamtbedarf betrug 1973 etwa 70% dieses Dargebotes, wird 1980 voraussichtlich 100% und 1990 fast 150% erreichen, so daß wir dann nicht nur in Ballungszentren der Industrie und Bevölkerung, sondern im langjährigen Gesamtmittel der DDR zur Mehrfachnutzung übergehen, wodurch sehr hohe Anforderungen an eine umfassende Abwasserbehandlung und Trinkwasseraufbereitung gestellt werden. Der Wasserbedarf der Bevölkerung steigt z. Z. um 4% pro Jahr [39]. Mit einer Erhöhung dieser Steigerungsrate muß gerechnet werden. Die Landwirtschaft, die im Jahre 1973 etwa 10% des Gesamtbedarfs nutzte, beabsichtigt die bewässerte bzw. beregnete landwirtschaftliche Nutzfläche von 650 000 ha (1975) auf 1 150 000 ha (1980) zu erhöhen und dadurch den Bedarf von $960 \cdot 10^6\,m^3/a$ auf $1500 \cdot 10^6\,m^3/a$ zu steigern [39]. Die Bedarfsspitze liegt in abflußarmen Monaten und ist in Trockenjahren besonders hoch, also keineswegs einfach zu befriedigen. Denn in trockenen Jahren kann das natürliche Wasserdargebot für die DDR unter die Hälfte, ja bis zu einem Drittel des oben angegebenen langjährigen Mittelwertes sinken. Ein geringes Wassermengendargebot ist überdies meist mit Minderungen der Wasserqualität gekoppelt.

Der Abfluß in Trockenjahren, die in der DDR maximal erreichbare Speicherkapazität, der langsam steigende Wasserbedarf von Bevölkerung, Industrie und Energieerzeugung sowie der ökonomisch-technologische Aufwand der Abwasserbehandlung im Rahmen der Mehrfachnutzung bestimmen Grenzwerte der Menge und Beschaffenheit des für Bewässerungsmaßnahmen verfügbaren Wassers. Diese Grenzwerte zu prognostizieren und gegebenenfalls durch geeignete wasserwirtschaftliche Maßnahmen zu erhöhen, ist eine dringliche Aufgabe.

Die Industrie senkt durch den Einsatz wassersparender Technologien und durch den Übergang zu geschlossenen Wasserkreisläufen in Produktionsprozessen den spezifischen Wasserbedarf um 20%. Die steigende Gesamtproduktion führt zu einem schwachen Anstieg des Gesamtbedarfs (z. Z. $16 \cdot 10^6\,m^3/d$) [37], [39].

Das Wohnungsbauprogramm (Neubauten und Modernisierung von Altbauten) läßt den Trinkwasserbedarf der Bevölkerung ansteigen. Durch den Bau neuer Wasserwerke bzw. durch die umfassende Rekonstruktion alter Werke wird 1980 die Kapazität der Wasserwerke der DDR $6{,}8 \cdot 10^6\,m^3/d$ erreichen. Als Beispiel seien die Wasserwerke Berlin-Friedrichshagen, Stolpe, Mockritz bei Torgau, Einsiedel bei Karl-Marx-Stadt und Dresden-Albertstadt genannt [39].

Diese großen Aufgaben für die Wasserwirtschaft der DDR resultieren aus dem hohen Lebensstandard der Bevölkerung, der intensiven industriellen und landwirtschaftlichen Produktion und dem relativ niedrigen natürlichen Wasserdargebot (900 m^3 Wasser pro Einwohner und Jahr im Vergleich zum globalen Mittelwert 12 000 $m^3/E \cdot a$). Um diesen Aufgaben gerecht werden zu können, wollen die Werktätigen der Wasserwirtschaft bis 1980 die Arbeitsproduktivität um 17 ··· 20% erhöhen — vor allem durch die Nutzbarmachung wissenschaftlich-technischer Erkenntnisse [39].

3. Anthropogene Veränderungen der Wasserbeschaffenheit

Das regionale bzw. lokale natürliche Wasserdargebot ist begrenzt. Ein gewisser Ausgleich zwischen Bedarf und Dargebot kann durch Speicherwirtschaft und Wasserfernleitungen erzielt werden. Wenn diese Maßnahmen ausgeschöpft sind, ist man zur Mehrfachnutzung gezwungen: Das natürliche Wasserdargebot muß mehrfach verwendet und gereinigt werden, bevor es das betrachtete Gebiet verläßt. Jede Nutzung durch die Bevölkerung, Industrie oder Landwirtschaft verändert die Wasserinhaltsstoffe. *Der anthropogene Einfluß auf die Wasserbeschaffenheit ist weitaus komplexer als die Beeinflussung der Wassermenge. Die zwischen wiederholte Nutzungen eingeschalteten Reinigungsprozesse können nicht mehr ausschließlich der Natur, d. h. dem Selbstreinigungsvermögen der Gewässer überlassen werden. Durch eine intensive Abwasserbehandlung müssen die anthropogenen Veränderungen der Wasserbeschaffenheit in Grenzen gehalten werden, um Umweltschäden zu vermeiden und den nachfolgenden Nutzern Rohwasser von hinreichend guter Qualität zur Verfügung zu stellen.*

3.1. Die Inanspruchnahme der Selbstreinigungsleistung des Grundwassers und der Oberflächengewässer

Das Selbstreinigungsvermögen der Gewässer ist groß, darf durch anthropogene Eingriffe nicht beeinträchtigt, muß aber aus ökonomischen Gründen optimal genutzt werden. Zur Realisierung der schadlosen Mehrfachnutzung des natürlichen Wasserdargebotes muß die Abwasserbehandlung auf das Selbstreinigungsvermögen der Gewässer abgestimmt werden.

Im Bodenwasser, im Grundwasser und in den Oberflächengewässern spielen sich mannigfaltig ineinander greifende physikalische, chemische und biologische Prozesse ab, die zur natürlichen *Selbstreinigung* des Wassers, d. h. zum Um- und Abbau bestimmter Arten und Mengen von Wasserinhaltsstoffen (z. B. zur Mineralisierung organischer Substanzen) führen: Adsorption, Koagulation, Sedimentation, Dispersion, Sauerstoffaufnahme aus der Atmosphäre, Oxidation, Reduktion, Hydrolyse, Polymerisation, Betriebsstoffwechsel heterotropher Wasserorganismen, Baustoffwechsel in der Nahrungskette usw. (vgl. [42] bis [48]).

Solange der Mensch dem natürlichen Wasserdargebot nur kleine Wassermengen entnahm, konnte er die Abwasserbehandlung den Selbstreinigungsprozessen der Gewässer überlassen. Dieses Selbstreinigungsvermögen ist außerordentlich groß. Wollten wir die *Selbstreinigungsleistung* der Elbe längs einer Tagesfließstrecke (85 km) oberhalb von Magdeburg durch Abwasseraufbereitungsanlagen erbringen, dann würde uns das 50 Mill. M pro Tag kosten [49] bis [51]. Ähnliche Abschätzungen liegen für andere Gewässer vor. Hieraus folgt aber auch, daß anthropogen verursachte Minderungen der Selbstreinigung großen volkswirtschaftlichen Verlusten äquivalent sind. Mit wachsender Nutzung bzw. Mehrfachnutzung muß die Abwasseraufbereitung intensiviert werden.

Wir werden aus ökonomischen Gründen das natürliche Selbstreinigungsvermögen der Gewässer optimal zu nutzen versuchen, müssen aber überhöhte Abwassereingaben und Schadstoffbelastungen, die die Selbstreinigungsvorgänge mindern oder gar zerstören, vermeiden. Die Forschung muß erklären, welche *Abwassereinleitungen* unter bestimmten Bedingungen möglich sind. Ökonomische und technologische Gesichtspunkte spielen eine wichtige Rolle bei der Entscheidung der Alternative: Verstärkte Abwasseraufbereitung oder Verschlechterung der Wasserqualität mit allen Folgen für die aquatischen Biozönosen, für die Selbstreinigungsleistung und für die folgende Nutzung bzw. Aufbereitung dieses Wassers. Es darf aber nicht nur die Erhöhung der Trinkwasser-Aufbereitungskosten (knapp zehnfach für Güteklasse IV gegenüber Güteklasse I des Rohwassers) in die ökonomischen Betrachtungen einbezogen werden. Wasser ist nicht nur Trink- und Brauchwasserressourcen, sondern ein wichtiger „Umweltfaktor"!

3.2. Eutrophierung, Saprobierung und Kontamination

Die Folge der anthropogenen Belastung der Gewässer kann man untergliedern in Eutrophierung, Saphierung und Kontamination. Diese ineinander greifenden und sich überlagernden Prozesse werden durch menschliche Aktivitäten in wachsendem Maße verstärkt und beeinträchtigen die Wasserbeschaffenheit erheblich.

Die Belastung der Gewässer mit Pflanzennährstoffen, insbesondere mit Harnstoff, Nitraten und Phosphaten, durch die Landwirtschaft, Industrie und aus kommunalen Abwässern (Waschmittel mit hohem Phosphatgehalt) beschleunigt die natürlichen „Alterungsprozesse" der Gewässer, indem sie — in Abhängigkeit von physikalischen Faktoren wie Temperatur, Licht, Strömung — zu einer gesteigerten Produktion von Algen, höheren Wasserpflanzen und wertarmen Fischarten führt. Die Bruttoproduktion, der Chlorophyllgehalt werden verhundertfacht und die Alterung nahezu vertausendfacht. Im globalen Maßstab ist diese *Eutrophierung* eine der schwerwiegendsten Veränderungen der Gewässer [52] bis [54]. Die erhöhte Produktivität wirkt sich nur vorübergehend und in begrenztem Maße positiv auf die Fischwirtschaft aus [56] bis [58]. Überhöhte Makrophytenbestände erschweren den Wasserstraßenverkehr und mindern durch Selbstbeschattung die Umbau- und Abbauleistungen im Selbstreinigungsprozeß. Massenentwicklungen von Primärproduzenten, speziell von Cyanophyceen, beeinträchtigen nicht nur den Erholungswert der Gewässer. Sie erschweren die Trinkwasseraufbereitung, scheiden toxisch wirkende Stoffwechselprodukte ab und können durch die Glieder der Nahrungskette nicht vollständig verarbeitet werden. Die abgestorbene Bioproduktion verursacht eine Selbstverunreinigung der Gewässer (Sauerstoffschwund im Hypolimnion usw.) und erhöht ihre Verschlammung bzw. Verlandung. Remineralisiert stehen die Nährstoffe im „kleinen Kreislauf" für erneute Primärproduktion zur Verfügung. Aus 1 kg Phosphor entstehen 123 kg Planktonmasse (Trockensubstanz). Aus 1 µg P (Orthophosphat) entstehen $15 \cdot 10^6$ Zellen der Kieselalge Asterionella.

Die *Phosphornährstoffe* (Orthophosphat, Polyphosphat usw.) stammen aus

- dem natürlichen Abtrag von unbeeinflußten Böden,
- dem direkten Eintrag durch Niederschläge,
- dem Abtrag von land- und forstwirtschaftlich genutzten Flächen,
- der Zufuhr aus kommunalen Abwässern,
- dem Austausch mit benachbarten Gewässern,
- dem Austausch mit dem Bodensediment. (Rücklösung der Phosphate bei Sauerstoffmangel).

In vielen Gewässern (Themse, Rhein, Bodensee, Vierwaldstätter See, Landsorttief der Ostsee usw.) beobachtete man in den letzten Jahrzehnten eine Verdopplung des Phosphorgehaltes aller fünf Jahre. Auch *Stickstoffgehalt und -kreislauf* in den Gewässern sind anthropogen verstärkt. Es ist schwierig, den Gehalt der Gewässer an gut löslichen Stickstoffverbindungen (Nitrate, Nitride, Ammoniak usw.) zu mindern, weil ihre „Auswaschung" aus landwirtschaftlich genutzten Böden und ihr Eintrag in Oberflächengewässer auf dem Weg über das Grundwasser schwer zu beeinflussen sind. Es besteht auch die Möglichkeit, daß aquatische Ökosysteme atmosphärischen Stickstoff zu fixieren vermögen. Gelangen Nitrate bzw. Nitrite in hoher Konzentration bis ins Trinkwasser (> 40 mg NO_3^- bzw. > 3 mg NO_2^- pro Liter), dann besteht besonders für Säuglinge die Gefahr der Erkrankung (Methämoglobinämie) [59] bis [61].

Auf dem Internationalen Symposium EUTROSYM '76 (Karl-Marx-Stadt, 20. bis 25. 9. 1976) wurden wichtige Aussagen über die Ursachen und die Bekämpfung der Eutropierung erarbeitet und als Empfehlungen an die UNESCO—WHO-Weltwasserkonferenz 1977 formuliert [62] bis [71].

Die Belastung der Gewässer mit autochtoner oder allochtoner „toter" organischer Substanz (Detritus, Pflanzenreste usw.) führt zur *Saprobierung.* Das Gewässer reagiert mit Massenentwicklung von Abwasserorganismen, die organische Substanzen zu anorganischen Stoffen abbauen, mit erhöhtem Betriebs- und Baustoffwechsel heterotropher Bakterien und Tiere, mit Schlammbildung (Fäulnisprodukte) und Sedimentation (Schwerkraftabscheidung, Koagulation, biologische Selbstflokkung). Hand in Hand treten Verfärbung, Geruchs- und Geschmacksbeeinträchtigungen sowie ein Sauerstoffschwund auf, der bis zum Fischsterben führen kann.

Die Belastung der Gewässer mit toxisch wirkenden Stoffen (Lipophile Substanzen, Mono- und polyzyklische Aromaten, Schwermetalle, Biozide, radioaktive Substanzen usw.) ist überwiegend anthropogenen Ursprungs. Direkte Vergiftungen sind relativ selten. Die *Kontamination* der Gewässer äußert sich in Hemmwirkungen auf biologische Prozesse (z. B. Hemmwirkungen von Mikroverunreinigungen auf biologische Abbauvorgänge), in graduellen Beeinträchtigungen der Biozönosen bis hin zur Verödung sowie in gefährlichen Anreicherungen toxischer Stoffe in den höheren Gliedern der Nahrungskette [72] und im Sediment (z. B. Quecksilber, Mimamata-Krankheit). Die Dekontamination geschieht in begrenztem Maße durch biologischen Abbau, Adsorption und Sedimentation. Nicht oder nur schwer abbaubare Schadstoffe (Mineralöle, Lignin u. a.) müssen am Entstehungsort zurückgehalten werden und dürfen nicht in die Gewässer gelangen (z. B. Phenolgehalt < 1 μg/l bei Flußeinteilung). Der gezielte Einsatz von Bioziden in Gewässern muß auf Ausnahmefälle beschränkt bleiben und mit größter Sorgfalt unter Beachtung aller Neben- und Spätwirkungen erfolgen [73] bis [75].

Nicht nur die Mengen und Arten der Abwasserinhaltsstoffe erfahren markante anthropogene Änderungen. Auch die *Belastungsdauern* unterscheiden sich von den natürlichen, meist den Tages- und Jahresrhythmen angepaßten Stoff- und Energietransporten. Überlagen sich diese Rhythmusstörungen dem Eimfluß persistenter Chemikalien und einer Erhöhung der Konzentration von Spurenstoffen und Biokatalysatoren, dann können schwer überschaubare Veränderungen aquatischer Ökosysteme resultieren.

3.3. *Beispiele für die Einwirkung auf die Wasserbeschaffenheit*

Einige Beispiele für die Belastung der Gewässer und die Veränderung der Wasserbeschaffenheit durch menschliche Aktivitäten müssen aus der großen Zahl derartiger Fälle mehr oder minder willkürlich herausgegriffen werden. Sie vermitteln einen Eindruck von den außerordentlich vielseitigen Einwirkungen auf die Qualität des Grund- und Oberflächenwassers.

Kommunale Abwässer enthalten in Europa organische Inhaltsstoffe in der Größenordnung von 60 · · · 100 g BSB_5 pro Einwohner und Tag. (BSB_5 = Biologischer Sauerstoffbedarf in mg/l für den Abbau von im Wasser enthaltenen organischen Substanzen unter Mitwirkung von Mikroorganismen in fünf Tagen.) Die Waschmittel bringen etwas mehr Phosphor in das Abwasser ($\geqq 2$ g P E^{-1} d^{-1}) als der physiologische Stoffwechsel (1 g P und 14 g N pro Einwohner und Tag). Kommunale Abwässer enthalten Krankheitskeime, Imprägnierungs-, Konservierungs-, Reinigungs- und Schmiermittel, ferner akkumulierbare Stoffe. Als Beispiel sei erwähnt, daß eine Akkumulation von Polychlorbiphenyl im Lake Anne, Virginia/USA, im Wasser, Bodensediment, Fisch wie 1 : 50 : 3000 beobachtet worden ist [76]. Aus den Haushalten, Krankenhäusern, Schlachthöfen und Tierköperverwertungen stammende Abwässer enthalten Parasiten (Spul-, Maden-, Bandwürmer). Wurmeier passieren vollbiologische Kläranlagen und reichern sich im Klärschlamm und am Grunde des Vorfluters an [77].

Das *Erholungswesen* belastet die Gewäser durch Fäkalien, Keime, Schädigungen der Ufervegetation und den Motorsport. Wenn ein stehendes Gewässer nicht durch Verölung beeinträchtigt werden soll, müssen 100 000 m^3 Wasser im See pro Motorboot „zur Verfügung stehen“, wenn mit 400 l Benzin-Öl-Gemisch pro Boot im Jahr gerechnet wird [78] bis [80].

Die *Einwirkung* von Abfalldeponien auf das Grundwasser hängt sehr von den örtlichen hydrogeologischen Verhältnisse ab. Sie kann zu wesentlichen Erhöhungen der Temperatur (10°C → 20°C), des Chloridgehaltes (10 mg/l → 500 mg/l), des NH_4-Gehaltes (1 mg/l → 300 mg/l), aber auch zur Abnahme gewisser Inhaltsstoffe

(Sauerstoffzehrung) führen. Die Langzeitwirkung großer Mülldeponien ist unbedingt zu beachten [81] bis [83].

Die *landwirtschaftlichen Nutzflächen* tragen durch die räumlich weit verbreitete Auswaschung von Pflanzennährstoffen in das Grundwasser und in die Oberflächengewässer wesentlich zur Eutrophierung bei. Als Größenordnungen rechnet man mit 10 · · · 50 kg/ha Stickstoff, 0,1 · · · 0,5 kg/ha Phosphor, 5 · · · 80 kg/ha K^+ und Mg^{++} sowie 100 · · · 500 kg/ha Ca^{++} pro Jahr [84] bis [86]. Fahrlässige Intensivhaltung oder Gülle-Ausbringung hat zu BSB_5-Werten bis 50 g BSB_5 pro Liter geführt. Der Einsatz der Düngemittel muß zum Nutzen der Pflanzenproduktion gesteuert werden und darf nicht zur Eutrophierung beitragen. Mit gleicher Sorgfalt sind Insektizide, Fungizide, Herbizide usw. zu verwenden. Die in vielen Gewässern gemessenen Konzentrationen (z. B. Rhein, Mikolajskie-See/VRP, Havel) überschreiten bedeutend die vorgeschriebenen Grenzwerte (0,005 ppm bei DDT; 0,05 ppm bei Hexachlorbenzol). Sekundär- und Spätfolgen sind gründlich zu erkunden [87] bis [90].

Die Einwirkung der *Industrie* auf die Wasserbeschaffenheit auch nur angenähert darzulegen, ist im Rahmen dieses Vortrags nicht möglich. Wenige Schwerpunkte seien herausgegriffen:

— Phenole, Fettsäuren, Stickstoff- und Schwefelverbindungen der Kohleveredlung (z. T. toxisch; BSB_5 bis 50 g/l),

— Nitrile, Cyanide, heterozyklische Verbindungen, chlorierte und nitrierte Aliphate und Aromate der Petrolchemie (BSB_5 bis 100 g/l),

— Fasern, Säuren, Alkalien, Detergentien, Farbstoffe, Tenside der Textilindustrie in sehr unterschiedlichen Zusammensetzungen,

— Sulfitablaugen der Papier- und Zellstoffindustrie (Organische Feststoffe bis 1 g/l, biologisch schwer abbaubar),

— Stickstoff, Methanol, Schwermetalle usw. aus der Düngemittelerzeugung,

— Metalle, Säuren, Laugen, Cyanidkomplexe u. a. aus der Metallverarbeitung (Organische Komplexbildner wie Weinsäure, Zitronensäure, Glukonsäure halten Schwermetalle in Lösung),

— Hohe BSB_5-Werte bzw. Einwohnergleichwerte (1 EGW = 60 g BSB_5 pro Tag) in Abwässern der Lebensmittelindustrie,

— Hoher Salzgehalt in Abwässern der Kaliindustrie (Salzsteuerung der Saale [91]).

Der Eintrag von Wasserinhaltsstoffen aus der *Atmosphäre* zeigt große örtliche und auch zeitliche Unterschiede, kann aber merkliche Beträge erreichen (Größenordnung kg ha^{-1} a^{-1}). In skandinavischen Seen sowie in Waldbächen und Talsperren des Erzgebirges, die von Abwassereinleitungen verschont sind, beobachtet man einen erheblichen Rückgang der Fischbestände, der als Auswirkung stark saurer Niederschläge gesehen werden muß. Schwefeldioxid und seine Umsetzungsprodukte (Schweflige Säure, Schwefeltrioxid, Schwefelsäure, Schwefelwasserstoff, Merkaptane) werden von Industrie und Hausbrand an die Atmosphäre abgegeben und durch die Niederschläge in so starkem Maße in die Gewässer eingebracht, daß der pH-

Wert auf 4,5 bis 3,5 herabgesetzt wird. Dadurch wird der Artenbestand der Gewässer erheblich eingeschränkt bzw. verändert [92], [93].

Die Einleitung von *Wärme* (z. B. „Abwärme“ von Kern- oder Wärmekraftwerken) in die Gewässer hat mannigfaltige Folgen, die hier als Beispiel für ein komplexes Wirkungsgefüge aufgezählt seien:

- Temperaturerhöhung des Wassers (100 m^3/s um 10° für 2 G Watt).
- Veränderungen des Sauerstoffgehaltes (Verminderung des Sättigungswertes, Schichtung usw.)
- Verlagerung von chemischen Gleichgewichten und von Lösungsgleichgewichten (z. B. verstärkte Nitrifikation bei $\geqq$ 20 °C),
- Beschleunigung von chemischen Reaktionen und Flockungsprozessen,
- Beschleunigung mikrobieller Stoffumsetzungen, der Selbstreinigung und der Sauerstoffzehrung,
- Verstärkung der Bioproduktion (bis 40 °C) mit Veränderungen der vorherrschenden Arten (Relative Zunahme der Cyanophyceen),
- Zeitliche Ausdehnung bzw. Verlagerung von „jahreszeitlich gebundenen“ Prozessen (z. B. verfrühte Eiablage),
- Erhöhung der Konzentration von toxischen Wasserinhaltsstoffen (z. B. Keime, Stoffwechselprodukte der Blaualgen) und von Geruchs- und Geschmacksstoffen usw.

Die Sauerstoffzehrung verändert den Stoffaustausch zwischen Freiwasser und Sediment und verstärkt die toxische Wirkung von Metallspuren, Pestiziden usw. auf Fische und andere Hydrobionten. Die verstärkte Zersetzung organischer Substanzen erzeugt höhere Konzentrationen von Fäulnisprodukten (NH_4, H_2S ...) und kann zum Fischsterben führen [94] bis [102].

4. Prophylaxe und Sanierung

Die Sicherung der stabilen Wasserversorgung von Bevölkerung, Industrie, Land- und Forstwirtschaft sowie die Bewahrung bzw. Gestaltung der Gewässer (Oberflächenwasser und Grundwasser) als funktionstüchtige Glieder natürlicher Ökosysteme im Lebensraum des Menschen erfordert im Zeitalter der Technischen Revolution angesichts der tiefen Eingriffe in die Menge und Beschaffenheit der Wasserressourcen einen hohen ökonomisch-technischen Aufwand und große Anstrengungen der Forschung. Vorbeugen ist ökologisch und ökonomisch günstiger als Regenerierung und Sanierung. Zu den Grundforderungen gehören deshalb: Vermeidung überhöhten Wasserbedarfs, Vermeidung gefährdender Abwassereinleitungen in Wasserressourcen, Schutz und optimale Nutzung der natürlichen Selbstreinigungsleistung. Wege zur Erreichung dieser Ziele sind die

- *Durchsetzung gesetzlicher Regelungen,*

— *Abwasserbehandlung vor der Einleitung in die Vorfluter,*
— *Minderung bzw. Beseitigung bereits eingetretener Schäden in Gewässern,*
— *Interdisziplinäre hydrologisch-technologische Forschung,*
— *Internationale Kooperation in der Forschung, in der Wassertechnologie und bei der Bewirtschaftung großer Flußsysteme,*
— *Erweiterung und Vertiefung der Kenntnisse über den angemessenen Schutz und die richtige Nutzung des Wassers durch Öffentlichkeitsarbeit und Ausbildung in Schulen, Fachschulen und an Universitäten.*

4.1. Gesetze und Standards

Ein wesentliches Hilfsmittel zum Schutz und zur Sanierung der Wasservorräte sind Gesetze und Standards. Eine Auswahl der in der DDR gültigen Vorschriften dieser Art seien hier genannt:

— Landeskulturgesetz vom 14. 5. 1970 (GBl. I, 1970, Nr. 12, S. 67),
— Gesetz über den Schutz, die Nutzung und die Instandhaltung der Gewässer und den Schutz vor Hochwassergefahren mit 1. Durchführungsverordnung vom 17. 4. 1963 (GBl. I, 1963, Nr. 5, S. 77 und Nr. 43, S. 281), 2. Durchführungsverordnung vom 16. 12. 1970 (GBl. II, 1970, Nr. 3, S. 25),
— VO über die Festlegung von Schutzgebieten für die Wasserentnahme aus dem Grund- und Oberflächenwasser zur Trinkwasserversorgung vom 11. 7. 1974 (GBl. I, 1974, Nr. 37, S. 349),
— Trinkwasser: TGL 22 433 (1971),
— Schutz der Trinkwassergewinnung, Wasserschutzgebiete (Grund- und Oberflächenwasser): TGL 24 348,
— Wassernutzung (Entnahmenormen für Bevölkerung und Industrie): TGL 26 565 (1971—1974),
— Stauanlagen und Talsperren: TGL: 21 239 (1965 ff.),
— Wassergütebewirtschaftung-Seen: (TGL 27 885 (1976),
— Gewässerschutz, Mineralöle: TGL: 22 213 (1969—1971),
Organ. u. mineral. Dünger: TGL 24 345,
Produktionsabwässer landw. Betriebe: TGL 24 346,
— Abwasserreinigung, mechanisch und biologisch: TGL 92-023, (1966 ff.), TGL 26 730 (1975); Phosphatelimination: TGL 27 886,
— Bewässerung landw. Nutzflächen: TGL 6 466 (1967),
— Abwasserbodenbehandlung: TGL 92—023 und 26 567.

Derartige Regelungen wirken nicht nur restriktiv — etwa durch die Begrenzung bzw. Überwachung der Abwassereinleitungen. Sie zeigen auch richtungsweisend

Schwerpunkte der weiteren Arbeit auf. Zum Beispiel bilden sie eine Grundlage für eine neue Klassifikation der Seen in fünf Beschaffenheitsklassen A bis E und für die Ableitung von Maßnahmen für eine zielgerichtete Wassergütebewirtschaftung stehender Gewässer [103], [104].

4.2. Begrenzung der Abwasserlast

Unter den Aktivitäten zur Bewahrung bzw. Verbesserung der Wasserbeschaffenheit sollte die Prophylaxe den Vorrang genießen. Außer der Abwasserbehandlung (Abschn. 4.3) können eine Reihe wirksamer Maßnahmen ergriffen werden.
Wir nennen Beispiele:

Durch die Erteilung *wasserrechtlicher Nutzungsgenehmigungen* an alle Gemeinden, industriellen und landwirtschaftlichen Betriebe müssen das lokale bzw. regionale Wasserdargebot optimal verteilt und die Gefährdungen der Wasserbeschaffenheit vermieden werden. Der Gebrauch bestimmter, das Abwasser und die Vorfluter besonders störend belastender *Stoffe* muß gemindert werden. Dies gilt für die Phosphate in Waschmitteln. Ihr Ersatz durch organische Komplexbildner wie NTA ist umstritten. Nitrilotrioessigsäure kann Wasseraufbereitungsprozesse stören und Stoffe in komplexer Form bis ins Trinkwasser einschleppen. Der Ruf nach biologisch abbaubaren Detergentien ist nicht neu.

Grundwassereinzugsgebiete von Wasserwerken und die Einzugsgebiete von Talsperren werden zu *Schutzzonen* erklärt. Der Staukörper einer Trinkwasser-Talsperre und ein unmittelbar angrenzender Schutzstreifen bilden die gesperrte Schutzzone I. Die Zone II umfaßt Schutzstreifen entlang der Zuflüsse, wo z. B. Pflanzenschutzmittel nur mit besonderer Genehmigung verwendet werden dürfen. Der Zone III gehören alle übrigen Teile des Einzugsgebietes an. Hier darf u. a. Gülle nicht oder nur sehr beschränkt eingesetzt werden. Aus epidemiologischer Sicht muß die Besiedlungsdichte begrenzt bleiben. Dauergrünlandstreifen beiderseits der Gewässer dienen dem Nährstoffrückhalt. Hänge mit größeren Neigungen ($> 18°$) werden aufgeforstet [105] bis [108].

Läßt sich das kommunale Abwasser aus den Gemeinden in Einzugsgebieten nicht ausreichend klären, kann eine Ableitung dieses Abwassers aus dem Einzugsgebiet und seine Einleitung in den Vorfluter unterhalb des Speichers nach biologischer Abwasserbehandlung erwogen werden. *Abwasserringkanalisation* und die Behandlung der gesammelten Abwässer in zentralen Anlagen sind denkbar, aber teuer.

Von der Notwendigkeit, den Nährstoffabtrag von landwirtschaftlichen Nutzflächen durch *optimale Düngung und spezielle Kulturen bzw. Fruchtfolgen* in Gewässernähe zu mindern, war bereits gesprochen worden (EDVA-Düngeempfehlungen, Art und Zeit der Düngung entsprechend dem Nährstoffbedarf der Pflanzen, Vermeidung auswaschbarer Vorratsdüngung, Einarbeitung des Düngers in den Boden usw.) [109] bis [111].

Vom 1. 1. 1977 an sind Fäkalientanks und Müllcontainer bei *Fahrgast- und Frachtschiffen* verbindlich. Für bestimmte Gewässer(-typen) müssen Nutzungs- und Schutzbestimmungen erlassen und beachtet werden (Ufernutzung, Motorbootverkehr usw.).

4.3. Abwasserbehandlung

Ziele der Abwasserbehandlung sind die Rückführung des Wassers in geschlossene Kreisläufe (Industrie), der Schutz und die optimale Nutzung der natürlichen Selbstreinigung und Dekontamination der Gewässer durch die drastische Minderung von sauerstoffzehrenden oder toxischen Wasserinhaltstoffen und von Pflanzennährstoffen sowie die Gewinnung von Sekundärrohstoffen aus dem Abwasser. Ökonomische und energiesparende Abwasserbehandlungsverfahren, die sich möglichst störungsfrei in technische bzw. natürliche Kreisläufe einfügen, müssen deshalb ständig ersonnen bzw. weiterentwickelt und umfassend eingesetzt werden. Zu den „klassischen" mechanischen und biologischen Reinigungsverfahren sind viele chemische bzw. physikalisch-chemische Methoden hinzugetreten, die für eine ausreichende Abwasserbehandlung unentbehrlich, wenn auch mit höherem Energieaufwand und Chemikalienbedarf verbunden sind. Die auf das jeweilige Abwasser abgestimmte Kombination der mechanisch-biologisch-chemischen Behandlung ermöglicht die Verwirklichung des Prinzips, daß die Reinigung vor der Einleitung in das Gewässer am Ort der Entstehung des Abwassers vorzunehmen ist, wo bekannte Inhaltstoffe in relativ hoher Konzentration enthalten sind. Verschiedene Abwässer sollten nur gemischt werden, wenn dies für die Aufbereitungstechnologie günstig ist. Die nach guter Abwasserbehandlung in den Vorflutern abgegebenen Restgehalte dürfen das Selbstreinigungsvermögen nicht überfordern, die Naturprozesse im und am Gewässer nicht schädigen und den flußabwärts gelegenen Nutzern bzw. Trinkwasseraufbereitungen keine schwierigen Probleme stellen.

Die *mechanische Abwasserbehandlung* (1. Reinigungsstufe) arbeitet mit Sieben, Rechen, Filtern, Fett- und Benzinabscheidern, Absetzbecken usw. Die *biologische Reinigung* (2. Stufe) zielt insbesondere auf die Entfernung organischer Inhaltstoffe und nutzt dabei

— „natürliche Verfahren" der Verregnung, Rieselfelder, Abwasserteiche,
— Tropfkörperverfahren mit Aerobiern, die auf fester Materie siedeln, und
— Belebungsschlamm — Verfahren mit Aerobiern, die in Flocken siedeln.

Bei ölemulsionshaltigen Abwässern kann zusätzlich Ultraschall eingesetzt werden. Die biologischen Verfahren werden ständig vervollkommnet. Neue mikrobiologische Kulturen vermögen BSB-Gehalte bis zu 20 g/l abzubauen.

Die *chemische bzw. physikalisch-chemische Abwasserbehandlung* kennt eine große Zahl mehr oder weniger erprobter Verfahren, über die hier nur summarisch berichtet werden kann. Die Aufzählung ist unvollständig und enthält keine Wertungen, da die Brauchbarkeit der Methoden stark von der Art des Abwassers und anderen Faktoren abhängt.

Schwermetalle können durch Fällung entfernt werden. Die Oxidation mit Chlor, Ozon, Wasserstoffperoxid, UV-Licht oder im Naßoxidationsverfahren (Mn-V-Katalysatoren) werden gegen geruchs- oder geschmacksintensive Wasserinhaltsstoffe, Keime, Cyanide, Aromate, Phenole, Öle, Farbstoffe und bei Abwässern der Zellstoff-, Textil- und fotochemischen Industrie angewendet. Koagulation, Flockung, Adsorptionsfällung (mit anschließender Flotation oder mechanischer Reinigung) können gegen kolloidale Wasserinhaltstoffe eingesetzt werden. Zur Entfernung von echt gelösten organischen Stoffen (Phenolen, Detergentien, Pestiziden, Farben, ...) mittels Adsorption dienen u.a. Aktivkohle und Bentonite. Extraktonsverfahren, zum Beispiel die Auswaschung von Phenolen mittels Benzol, erzielen oft nur eine unvollkommene Entnahme des Wasserinhaltsstoffs. Abwasser der papier-, textil- oder metallverarbeitenden Industrie wird einer Flotation unterworfen. Bei hohem Gehalt an Salzen und nichtflüchtigen organischen Stoffen kann die Eindampfung, bei Abwasser mit Heizwerten über 2500 kcal/kg die „Abwasserverbrennung" brauchbar sein. Auch die Methode des Ausfrierens, bei der die Abkühlung dadurch erzeugt wird, daß ein Teil des Wassers ins Vakuum verdampft, steht zur Verfügung. Die Rückgewinnung wertvoller Inhaltsstoffe (Schwermetalle) rechtfertigt die unter Umständen hohen Kosten der inversen Osmose bzw. Membranfiltration. Diese Verfahren eignen sich nicht nur zur Entsalzung, sondern auch bei Abwässern der Papier- und Zellstoffindustrie. Die Wirtschaftlichkeit der Elektrodialyse zur Abtrennung hochmolekularer Stoffe von niedermolekularen ist umstritten. Ionenaustausch ermöglicht die Entfernung bzw. Gewinnung von Metallen (Hg, Pb, Cu, Zn, Ni, ...) bei geringem Chemikalienaufwand [112] bis [115].

Eine Eindämmung der Eutrophierung kann oft bereits durch Minderung des Phosphatgehaltes im Abwasser bzw. im Gewässer erzielt werden (Minimumfaktor). Die folgende Tabelle zeigt, daß hierfür chemische oder kombinierte Eliminierungsverfahren benötigt werden:

Tabelle 2

Wirkungsgrad der Abwasserbehandlung

Entfernung von	mechan.	biolog.	chem.	kombiniert
Gesamt-P	$\leqq$ 10%	$\leqq$ 25%	$\leqq$ 90%	95%
Gesamt-N	$\leqq$ 10%	$\leqq$ 30%	< 50%	
BSB	$\leqq$ 30%	$\leqq$ 80 %	$\leqq$ 90%	95%

4.4. Nutzung von vorgeklärtem Abwasser und Klärschlämmen

Vorgeklärtes Abwasser und Klärschlamm können unter gewissen Bedingungen und unter Beachtung von Vorsichtsmaßnahmen in der Landwirtschaft und im Gartenbau verwendet werden.

Vorgeklärtes kommunales oder industrielles Abwasser wird in wachsendem Maße zur Bewässerung, vorwiegend zur Beregnung landwirtschaftlicher Nutzfläche eingesetzt. In der DDR wurde 1974 etwa ein Drittel des Gesamtbedarfs aus dieser Quelle gedeckt und damit der Klarwasserbedarf entscheidend gesenkt. Zugleich können die in diesem Abwasser enthaltenen Pflanzennährstoffe genutzt werden, wenn die Bewässerung dem Nährstoffbedarf der Kulturen angepaßt wird. Anderenfalls besteht die Gefahr einer Überlastung des Grundwassers mit Nährstoffen. Die Beregnung muß Schutzabstände von Siedlungen und Wegen einhalten (Windeinfluß!) und eingestellt werden, wenn Krankheitserreger im Abwasser enthalten sind (z. B. Maul- und Klauenseuche).

Die Verwendung von Klärschlamm im Gemüsebau ist nicht nur hinsichtlich ihrer Wirtschaftlichkeit umstritten. Nach der TGL 6466 darf Klärschlamm nur nach Kompostierung verwendet oder muß im Herbst untergepflügt werden [61], [86], [116] bis [119].

Da vorgeklärtes Abwasser und Klärschlamm in großen Mengen anfallen und wertvolle Pflanzennährstoffe enthalten, müssen Wege zu ihrer gefahrlosen Nutzung gefunden werden. Bei der Einschätzung der unerwünschten Nebenwirkungen müssen auch die zusätzlichen Belastungen durch Pflanzenschutzmittel, atmosphärische Immissionen usw. berücksichtigt werden!

4.5. *Trinkwasseraufbereitung*

Abwasserbehandlung und Gewässerschutz sind nicht die einzigen Voraussetzungen der Wasserversorgung. Parallel dazu muß die Technologie der Aufbereitung von Trink- und Brauchwasser ständig vervollkommnet werden.

Von der Wasserwirtschaft wird erwartet, daß sie Trinkwasser zu jeder Zeit, an jeder Entnahmestelle, in jeder gewünschten Menge, in einwandfreier Qualität und mit bestimmtem Druck zur Verfügung stellt und auch die Bedarfsspitzen abdeckt, die den mittleren Wasserbedarf wesentlich überschreiten. Dies stellt außerordentlich hohe Anforderungen an die Technologien der

- Rohwassergewinnung aus dem Grundwasser und aus den Oberflächengewässern,
- Aufbereitung des Rohwassers, dessen Beschaffenheit von Ort zu Ort, aber auch im Laufe der Zeit außerordentliche Unterschiede aufweisen kann,
- Zwischenspeicherung des Trinkwassers zum Ausgleich von Bedarfsschwankungen,
- Versorgungsleitungen zum Verbraucher.

Es gilt, diese Technologien im Ergebnis von Forschungsarbeiten und unter Einsatz hoher Investitionen ständig weiterzuentwickeln, um dem wachsenden Bedarf gerecht werden zu können (Vgl. u. a. [120], [121]).

Die hygienischen Anforderungen an das Trinkwasser sind mindestens ebenso hoch wie die an andere hochwertige Lebensmittel. Die Gestehungskosten hängen stark von örtlichen Gegebenheiten ab und können zeitlich erheblich schwanken.

Mit steigendem Bedarf müssen ungünstigere Rohwasserquellen genutzt, neue Speicher gebaut oder Wasser aus größeren Entfernungen herangeholt werden. Wenn der Wasserdurchfluß durch Fernleitungen in verbrauchsschwachen Zeiten gering ist, resultieren lange Verweilzeiten des Wassers in den Rohrleitungen und dadurch Beeinträchtigungen der Wasserqualität. Ein Wasserverbundsystem ist deshalb mit einem Energieverbund nicht voll vergleichbar. *Die Sicherung der Trinkwasserversorgung wird nur durch die intensive und aufeinander abgestimmte Abwasserbehandlung, Gewässerpflege und Trinkwasseraufbereitung gewährleistet.*

Zum Beispiel müssen aus der Sicht der Trinkwasseraufbereitung bestimmte Anforderungen an die Beschaffenheit des Rohwassers, das aus Talsperren entnommen wird, und an die auf diese Wasserqualität abgestimmte Aufbereitungstechnologie gestellt werden [122]. Bei flachen Stauseen und kleinen Talsperren sollte die Phosphorflächenbelastung unter 0,3 g $P/m^2 \cdot a$ liegen. Bei großen und tiefen Talsperren darf die Phosphorbelastung des Hypolimnions 0,14 g $P/m^2 \cdot a$ nicht überschreiten. Nur wenn außerdem der Gehalt an organischen Stoffen so gering ist, daß über den bakteriellen Abbau dieser Substanzen keine erheblichen Nährstoffe für das Phytoplankton zur Verfügung gestellt werden, ist mit einem hinreichenden sauerstoffgesättigten Rohwasser zu rechnen, dessen Gehalt an Eisen, Mangan und Phytoplankton die derzeitigen „Normalwerte" für die Aufbereitung nicht übersteigt. Bei einem Planktongehalt des Talsperrenwassers von etwa 10 mm^3 Verdrängungsvolumen/l muß die Aufbereitungstechnologie folgende Stufe umfassen:

- Belüftung des Rohwassers,
- zeitweilige Hochchlorung oder Ozonung,
- Flockung mit Aluminiumsulfat oder chloriertem Eisensulfat,
- Sedimentation im Absetzbecken,
- Aktivkohlefilterung,
- Entmanganung und Oxidation ($KMnO_4$),
- Schnellfiltration,
- Entkeimung nach dem Chloraminverfahren,
- Kalkzugabe zur Einstellung des pH-Wertes in den technologischen Stufen und im Reinwasser.

Die Technologie der Aufbereitung ist stets so zu wählen, daß im Trinkwasser alle lebensnotwendigen Spurenstoffe vorhanden sind.

4.6. *Sanierungsmaßnahmen in Gewässern*

Die Bewahrung „gesunder" Wasserressourcen im Prozeß ihrer Nutzung ist das Ziel der planmäßigen Bewirtschaftung des Wasserdargebotes, der umfassenden Abwasserreinigung und der wissenschaftlich fundierten Nutzung des Selbstreinigungsvermögens der Gewässer. Vorbeugen ist ökologisch und ökonomisch günstiger als Sanieren bzw. Regenerieren. Wenn jedoch in einem Gewässer die ökologisch bzw. gesellschaftlich geforderten Grenzwerte für Parameter der Wasserbeschaffen-

heit überschritten werden, können und müssen geeignete Sanierungsmaßnahmen durchgeführt werden. Dafür gibt es kein allgemein anwendbares „Rezept". Die Sanierungsmethode muß für jedes Gewässer entsprechend der vorliegenden Überbelastung und der natürlichen Gegebenheiten (Gewässertyp, Eigenschaften des speziellen aquatischen Ökosystems usw.) unter Einbeziehung hydrologisch-ökologischer Untersuchungen ausgewählt werden und hängt auch von territorialen, ökonomischen und technologischen Bedingungen ab. Die Verringerung des Nährstoffimportes ist stets entscheidend für eine dauerhafte Sanierung.

Wir können nur einige Beispiele für die Gewässersanierung anführen und bevorzugen dabei Maßnahmen gegen eine bereits eingetretene überhöhte Eutrophierung von Seen und Talsperren [123] bis [131]. Die Nährstoffzufuhr zum Hauptbecken einer Talsperre kann wirksam bei Phosphaten bis zu 60% gemindert werden, wenn *Vorsperren* angelegt werden, auf welche die erhöhte Bioproduktion beschränkt bleibt [132], [133]. In ähnlicher Weise wirken künstliche Einbauten, die den Durchfluß beeinflussen, z. B. *„Unterwasser-Vorbecken"* mit Kronenüberlauf, aus denen das nährstoffreiche Tiefenwasser nicht in das Hauptbecken der Talsperre gelangen kann [134], [135]. Die Primärproduktion und abiotische Prozesse wie Absorption und Sedimentation reduzieren den Nährstoffgehalt des Rohwassers für die Trinkwasseraufbereitung auf etwa 10% des Wertes im Zulauf (Z. B.: Saidenbachtalsperre) [136], [137]. Vorbecken, Unterwasserbecken und geeignete Verweilzeiten begünstigen auch die Elimination allochtoner Bakterien [138]. Mit Hilfe eines automatischen Meßsystems und entsprechender Entnahmevorrichtungen ist es möglich, das Rohwasser für die Trinkwasseraufbereitung der Talsperre aus dem günstigsten Tiefenbereich zu entnehmen.

Für tiefe, geschichtete Seen ist die *Ausfällung* der Nährstoffe aus dem Epilimnion zu erwägen. Als Fällmittel werden u. a. $FeCl_3$, $Al_2(SO_4)_3$, $FeSO_4$, Bentonit, Polyacrylamid empfohlen. Bis zu 85% des gelösten Orthophosphats können auf diese Weise entfernt werden. Aber der organisch gebundene Phosphor wird nicht erfaßt [139] (Beispiel: Jabelsee). Der Rücktransport der im Sediment (bis zum Zehnfachen) angereicherten Nährstoffe ins Wasser kann dadurch mehr oder minder vorübergehend verhindert bzw. gemindert werden, daß das Sediment vorsichtig mit Sand, Kies oder Polyäthylen *abgedeckt* wird.

In hocheutrophen flachen Seen ist die Gefahr der Aufwirbelung des nährstoffreichen Sedimentes besonders groß. Hier bietet die sachkundig vorgenommene *Entschlammung bzw. Ausbaggerung* eine Möglichkeit, einen wesentlichen Anteil der Nährstoffe zu entfernen (und als Düngung zu verwenden), die Sauerstoffzehrung zu mindern und die Gewässertiefe (auf mindestens 7 m) zu vergrößern.

Nährstoffreiches *Tiefenwasser* kann dem Bodenauslaß von Talsperren *entnommen* und mit Hilfe spezieller Rohrleitungen aus Seen abgezogen werden [140], [141] (Beispiele: Kortowo-See, Arendsee). Eine entscheidende Reduktion des Trophiegrades ergibt sich auf diesem Wege unter Umständen erst nach Jahren, wenn ein hinreichend großer Anteil der hocheutrophen Wassermasse gegen nährstoffarmen Zufluß „ausgetauscht" worden ist. Die Verfahren der *Tiefenwasserbelüftung* eignen sich zur Bekämpfung des Sauerstoffschwundes im Hypolimnion [142] bis [149]. Durch die Belüftung wird das Bindevermögen der Sedimente für Phosphate erhöht und das Profundal für Fischnährtiere und Fische zugänglich. Der Gehalt an löslichen Eisen- und Manganverbindungen sinkt. Das Einpressen von Druckluft in die tiefsten Zonen des Sees bzw. der Talsperre kann mit hohem ökonomisch-technologischem Aufwand auch in einer solchen Weise vorgenommen werden, daß eine Durchmischung und *Destratifikation* bzw. eine künstlich erzeugte *Zirkulation* eintritt, wodurch der Zeitpunkt der Massenentwicklung der Algen verschoben und die Gesamtproduktion vermindert werden können. Die gesamte Gewässeroberfläche ist am Sauerstoffaustausch beteiligt. Aber die Nährstoffe werden mobilisiert. Bei hocheutrophen Flachgewässern beschränkt man sich auf eine *Oberflächenbelüftung* (Kreisel-, Walzen-, Düsen-, Druckbelüfter usw.).

Eine weitere Gruppe von Sanierungsmaßnahmen umfaßt *Eingriffe in die Bioproduktion* der Gewässer. Bei mechanischen Verfahren (Algenernte, Krautschneider, ...) müssen die Pflanzenteile sorgfältig entfernt und einer Verwendung (Verfütterung, Kompostierung, ...) zugeführt werden. Chemische Verfahren (Herbizide, Algizide, [150], [151]) müssen sehr gezielt eingesetzt werden, um sowohl toxische Nebenwirkungen als auch die Überbelastung des Gewässers mit totem Pflanzenmaterial (Saprobierung) zu vermeiden. Nur unter bestimmten klimatischen und ökologischen Bedingungen bewährten sich biologische Methoden, z. B. das Einsetzen von Spiegelkarpfen (Hypophthalmichthys molitrix) oder anderen planktonfressenden Fischen und von pflanzenfressenden Fischen (Amurkarpfen, Ctenopharyngodon idella). Erstere gefährden das ökologische System durch die Bevorzugung bestimmter Algenarten, letztere können die in Wasserpflanzen gespeicherten Nährstoffe für das Phytoplankton remobilisieren, also eine benthische Eutrophierung in eine pelagische transformieren [152], [153].

Schließlich erwähnen wir die Methode des *Anstauens* von Seen als Mittel zur Minderung der Eutrophierung durch vergrößertes Wasservolumen (Beispiel: Schalentiner See), die Maßnahmen zur *Änderung des Durchflusses* und die *Pflege der Ufervegetation,* z. B. der Schilfgürtel, die gekoppelt ist mit der Notwendigkeit, auf das Erholungswesen an Gewässern Einfluß zu nehmen [154], [155].

Die Maßnahmen zur *Sanierung von Flußläufen* müssen ebenfalls den örtlichen und zeitlichen Gegebenheiten genau angepaßt werden. Bekanntlich weisen Fließgewässer bereits unter natürlichen Bedingungen charakteristische Veränderungen ihrer physikalischen, chemischen und biologischen Parameter auf: Abnahme der Fließgeschwindigkeit, der Schleppkraft und der atmosphärischen Belüftung mit der Fließstrecke; Zunahme der Temperatur auf diesem Wege; erhöhte Schlammablagerung und biologisch-chemische Sauerstoffzehrung im Unterlauf. Viele dieser Größen zeigen markante jahreszeitliche Änderungen. Die anthropogenen Eingriffe in diese Vorgänge sind erheblich. Planktonmasse und Chlorophyll-a-Gehalt erreichen in großen Flüssen (z. B. Elbe bei Dresden) ähnlich hohe Werte wie in Seen. Grundprinzip des Schutzes und der Pflege der Fließgewässer muß die Prophylaxe sein: Das — im Vergleich mit stehenden Gewässern hundertfach erhöhte — Selbstreinigungsvermögen der Fließgewässer darf durch Abwassereingaben nicht überfordert werden. Nicht abbaubare Stoffe (Polyphenyl-Abkömmlinge, Ligninsulfonsäuren usw.) dürfen nicht eingeleitet werden. Für die Sanierung von Flußläufen stehen die oben erwähnten mechanischen, chemischen und biologischen Verfahren zur Verfügung. Eine erhebliche Herabsetzung der Bioproduktion, insbesondere der Entwicklung von Makrophyten, kann durch Minderung der Lichtzufuhr erreicht werden. Außerhalb von Nadel- oder Auenwäldern kann die gezielte Beschattung des Gewässers durch Uferschutzgehölze zu einem wesentlichen Rückgang der Bioproduktion, besonders der Verkrautung führen.

5. Aufgaben der Wassernutzung und der hydrologischen Forschung

Die Abschnitte 1 bis 4 enthalten eine Analyse der Wassermengenbilanzen, der anthropogenen Veränderungen der Beschaffenheit der Wasserressourcen und der Möglichkeiten und Grenzen der prophylaktischen Maßnahmen zur ökonomisch-ökologisch optimalen Nutzung des Rohstoffs Wasser sowie der Sanierung geschädigter Gewässer. Als Ergebnis dieser Analyse werden im fünften Abschnitt Aufgaben der künftigen Wassernutzung und der hydrologischen Forschung formuliert.

5.1. *Aufgaben der nationalen, regionalen und globalen Wassernutzung*

Zur Sicherung der stabilen Wasserversorgung von Bevölkerung, Land- und Forstwirtschaft und Industrie im Prozeß der optimalen Umweltgestaltung müssen in allen Staaten, bald aber auch im regionalen und globalen Maßstab eine große Zahl schwieriger Probleme gelöst werden:

- Schutz des Grundwassers als zeitlich weitgehend konstante Frischwasserressource hoher Qualität vor Raubbau und Verschmutzung.
- Begrenzung bzw. Minderung der Abwasser- und Fremdstoffbelastung aller Oberflächengewässer zur Vermeidung einer Überforderung bzw. Schädigung der natürlichen Selbstreinigungsprozesse und zur Gewährleistung eines guten Gewässerzustandes.
- Entwicklung bzw. Verbesserung wassersparender und wasserschonender Technologien sowie optimaler Einsatz von Düngung, Beregnung und Entwässerung landwirtschaftlicher Nutzflächen, weil vorbeugender Gewässerschutz ökonomisch und ökologisch günstiger ist als die Sanierung.
- Planmäßige Bewirtschaftung des verfügbaren Wasserdargebotes nach Menge und Beschaffenheit mit Hilfe optimierter Meßnetze, mittels automatischer Übertragung, Verdichtung, Speicherung und Auswertung der Beobachtungsdaten und unter Verwendung komplexer Kurzfriststeuerungs- und Langfristbewirtschaftungsmodelle. Diese Modelle müssen alle entscheidenden hydrologischen, wasserwirtschaftlichen, ökonomischen und technologischen Parameter enthalten.

- Langfristige staatliche Planung auf der Basis von Entscheidungsgrundlagen, in welchen das begrenzte natürliche Wasserdargebot, die technologischen und ökonomischen Möglichkeiten der Wasserwirtschaft, die Bedarfsentwicklung bei Bevölkerung, Industrie und Landwirtschaft und die neuesten wissenschaftlichen Erkenntnisse berücksichtigt werden.
- Einbindung der wasserwirtschaftlichen Maßnahmen in die Territorial- und Wirtschaftsplanung, in das Gesamtsystem unserer Bestrebungen zum Schutz der Biosphäre und zur Erhaltung bzw. Gestaltung guter Lebensbedingungen auf der Erde. Berücksichtigung der wasserwirtschaftlichen Grenzbedingungen und Vermeidung der Folgen unsachgemäßer Wassernutzung bei den Entwicklungsprognosen, Planungen und Maßnahmen in der Industrie, in der Land- und Forstwirtschaft und im Verkehrswesen.
- Volle Beachtung des wichtigen Prinzips, daß die sorgfältige und genaue wissenschaftliche Untersuchung und die technologische Lösung von Detailproblemen stets unter voller Berücksichtigung der „Einbettung" dieser Probleme in große Zusammenhänge der Gesellschaft und der Naturprozesse vorzunehmen ist.

5.2. Ziele und Methoden der hydrologischen Forschung

Die optimale Abstimmung zwischen Wasserdargebot und Wasserbedarf und die Bewahrung „gesunder" Wasserressourcen ist nicht ausschließlich Aufgabe der Hydrologie, sondern kann nur im Zusammenwirken aller Wirtschaftszweige mit der Wasserwirtschaft auf der Grundlage wissenschaftlicher Erkenntnisse erreicht werden. Der Zuwachs der wissenschaftlichen Kenntnisse über kurz- oder langfristige Auswirkungen und ungewollte Nebenwirkungen technischer Eingriffe in natürliche Wasserressourcen muß mit der Entwicklung der Produktivkräfte Schritt halten.

Die enge Kopplung zwischen Wassermenge und Wasserbeschaffenheit bedingt, daß die moderne Hydrologie die Synthese von Hydrophysik, Hydrochemie und Hydrobiologie vollzieht (s. auch [156]). Ergebnisse und Arbeitsmethoden der Chemie wäßriger Lösungen, der Mikrobiologie der Gewässer, der Wasserphysik (z. B. [157]), der Hydrogeologie, Geochemie, Meteorologie, Geographie und anderer geowissenschaftlicher Disziplinen werden einbezogen [158]. Zuarbeiten von der Biochemie, Biophysik, Toxikologie, Mathematik, Ökonomie sowie die Vorgabe technologischer Kennwerte sind wichtige Voraussetzungen für eine erfolgreiche hydrologische Forschungsarbeit. Der Erkenntnisfortschritt basiert auf der Wechselwirkung zwischen der Messung, der statistischen Verarbeitung der Meßergebnisse und dem Vergleich der Beobachtungsergebnisse mit der sich schnell entwickelnden Theorie. Die Weiterbildung deterministischer, stochastischer oder kombiniert deterministisch-stochastischer hydrologischer Modelle (z. B. [159] bis [169]) und die Einbeziehung neuartiger Meßverfahren einschließlich der Fernmeßtechnik vom Flugzeug oder Satelliten aus (z. B. [170] bis [175]) beschleunigt die Entwicklung der

Wasserbewirtschaftungsmodelle, die ein wichtiges Hilfsmittel zur Sicherung der Wasserversorgung und für die Pflege der Wasserressourcen sind. Denn der Schutz der Wasserressourcen im Prozeß ihrer Nutzung und die Auswahl der ökonomisch, technologisch und ökologisch günstigsten Varianten der Wassernutzung verlangen nach quantitativen wissenschaftlichen Aussagen bzw. Prognosen als Entscheidungshilfen bereits im Stadium der Planung. Die große Mannigfaltigkeit der hydrologischen Prozesse gab Anlaß zur Entwicklung einer relativ großen Anzahl von Meßverfahren und theoretischen Ansätzen [176] bis [183]. Der Ausbau eines hochwertigen Forschungspotentials und die optimale nationale und internationale Kooperation sind Voraussetzungen für die Lösung der umfangreichen und schwierigen Aufgaben der interdisziplinären hydrologischen Forschung.

5.3. *Aufgaben für die hydrologische Forschung*

Als Beitrag zur Bewirtschaftung und Erhaltung der Wasserressourcen muß die hydrologische Forschung u. a. folgende Aufgaben lösen [183], [184]:

— Weiterentwicklung der Meßtechnik und Optimierung der Meßnetze für die genauere raum-zeitliche Analyse hydrophysikalischer, hydrochemischer und hydrobiologischer Elemente; Anwendung aerokosmischer Verfahren;
— Automatisierung der Datengewinnung, -übertragung, -verdichtung, -speicherung und -verarbeitung;
— Vervollkommnung der Analyse und Simulation hydrologischer Elemente in ihrer raum-zeitlichen Variabilität als Eingangsgrößen in Steuerungs- und Bewirtschaftungsmodelle;
— Studium ausgewählter hydrophysikalischer, hydrochemischer und hydrobiologischer Prozesse und ihrer Wechselwirkungen. Entwicklung von Methoden zur Simulation und Steuerung dieser Prozesse (als Teile größerer Systeme) [185] bis [189];
— Modellierung aquatischer Ökosysteme [190] bis [194];
— Aufbau bzw. Weiterentwicklung komplexer Wassermengen-Wasserbeschaffenheits-Modelle für Flußsysteme, Speicher und Speichersysteme, Verbundnetze und Grundwasserressourcen. Diese Modelle bilden Bestandteile von integrierten Wasserbewirtschaftungs- bzw. -steuerungssystemen [195], [196];
— Prognose von Wasserhaushaltsgrößen unter voller Berücksichtigung der anthropogenen Veränderungen des hydrologischen Regimes (Wassermenge und -beschaffenheit);
— Einbeziehung von technologischen und ökonomischen Grenzwerten, Parametern und Zielfunktionen in hydrologische Steuerungs- und Bewirtschaftungsverfahren;
— Weitere Erforschung und mathematische Modellierung der Beziehungen zwischen Wasserressourcen, ihren quantitativen und qualitativen Veränderungen und anderen anthropogen beeinflußten „Umweltsystemen“ (Terrestrische Ökosysteme, Urbanisierung, Industrialisierung usw.);

- Weiterentwicklung der Untersuchungen in Repräsentativ- und Versuchsgebieten sowie in multinationalen Flußgebieten;
- Schaffung einer komplexen Theorie für die Erfassung und Prognose des Wasserhaushaltes der Festländer (Grund- und Oberflächenwasser, Boden, Atmosphäre und Meer als voneinander abhängige Teile des anthropogen veränderten Wasserkreislaufs);
- Realisierung der interdisziplinären Zusammenarbeit mit den in Abschnitt 5.2 genannten naturwissenschaftlichen und gesellschaftswissenschaftlichen Disziplinen;
- Optimierung des Zusammenwirkens zwischen hydrologischer Grundlagenforschung, angewandter Forschung und Wasserwirtschaftsorganen. Als Beispiel sei die Forschungskooperationsgemeinschaft zur Sicherung der Wasserversorgung und Abwasserbehandlung der Hauptstadt der DDR Berlin genannt, in welcher Forschungskollektive des Instituts für Wasserwirtschaft, der Akademie der Wissenschaften der DDR, der Akademie der Landwirtschaftswissenschaften der DDR, des Hochschulwesens, der Hygiene-Institute und Hygieneinspektionen usw. mit Praxispartnern (Oberflußmeisterei Berlin, Wasserwirtschaftsdirektionen, Wasserstraßenhauptamt, VEB Wasserversorgung und Abwasserbehandlung, VEB Projektierung Wasserwirtschaft, VEB Rationalisierung Wasserwirtschaft, VEB Hydrogeologie, ...) zusammenwirken;
- Übermittlung der Erfahrungen hochindustrieller, dicht bevölkerter Staaten an afrikanische, asiatische und lateinamerikanische Nationen;
- Ausbau der internationalen Kooperation bzw. des
  - wissensschaftlichen Erfahrungsaustausches im Rahmen des Rates für Gegenseitige Wirtschaftshilfe RGW [197]; der bi- bzw. multilateralen Zusammenarbeit der Akademien, Hochschulen und sonstigen Forschungseinrichtungen der sozialistischen Staaten. Als Beispiel sei die Kooperation der Akademien auf dem Gebiet der planetaren Geophysik erwähnt (KAPG, Unterkommission 8, Hydrologie);
  - des Internationalen hydrologischen Programms (IHP) der UNESCO [198], dessen Schwerpunkte weitgehend mit oben genannten Forschungsaufgaben übereinstimmen;
  - weiterer internationaler Forschungsaktivitäten wie MAB (Man and Biophere), IOHS der WMO (Integrierte operative hydrologische Systeme der Meteorologischen Weltorganisation), GEMS (Global Environmental Monitoring System), IIASA (Internat. Inst. Angew. Systemanalyse, Wien), IAHS der IUGG (Internat. Assoc. of Hydrological Sci., Int. Union Geodesy and Geophysics) usw. [199], [200].

5.4. Bemerkungen zu ausgewählten Fragen der hydrologischen Forschung

Abschließend behandeln wir einige spezielle, nicht ohne Willkür ausgewählte Fragen der hydrologischen Forschung an Grundwasserressourcen und der Modellierung hydrologischer Prozesse bzw. Systeme.

Die Sickerungs- und Speicherungsprozesse in den verschiedenen Bodenzonen und in der Grundwasserzone sind mit wichtigen Veränderungen der Wasserbeschaffenheit verbunden. Erwähnt seien:

- Änderungen der Temperatur, des Chemismus, des Mineralgehaltes, der Härte, des pH-Wertes, des Sauerstoffgehaltes, des CO_2-Gehaltes, des Gehaltes an Mikroorganismen, ... in Abhängigkeit von Sickerweg, Sickergeschwindigkeit, Verweilzeit, Gesteins- und Pflanzenart, Mikroben, ...;
- Filterung mechanischer und biologischer Inhaltsstoffe;
- Mineralisierung abbaubarer organischer Substanzen (Eiweiß, Fette, Öle, ...) durch Mikroorganismen;
- Natürliche Schwankungen solcher Vorgänge mit Jahreszeit, Vegetation, Niederschlägen und Änderungen des Grundwasserspiegels;
- Einflüsse anthropogener Eingriffe: Urbanisierung, Mülldeponien, Salzhalden, Halden anderer Industrieabprodukte, Gülle, Abwassereinleitungen usw.

Da der überwiegende Teil des Trinkwassers aus dem Grundwasser entnommen wird, besitzt die umfassende wissenschaftliche Untersuchung der Grundwasserverschmutzungen und der Selbstreinigungsprozesse in Grundwasserleitern und in den ungesättigten Bodenzonen außerordentlich hohes volkswirtschaftliches Interesse. Forschungsobjekte sind u. a.:

- Kontaminationsprozesse, insbesondere bei der Uferfiltration,
- Dispersions- und Abbauvorgänge während der Sickerung,
- Oxidations- und Reduktionseffekte,
- Untersuchungen über spezielle, die Grundwasserbeschaffenheit beeinflussende Stoffe wie Bergbaurückstände, Salzwasser, Nitrate, Phosphate, Pestizide, Herbizide, Silage, Dünger, Phenole und andere petrochemische Erzeugnisse usw.,
- Ausbreitung und Abbau von Krankheitserregern.

Diese Untersuchungen dienen letztlich auch der optimalen Festlegung von Schutzzonen und der Vorbereitung von gesetzlichen Bestimmungen.

Die Modellierung hydrologischer Prozesse hat international in den letzten Jahrzehnten beachtliche Fortschritte gemacht. Auch die Forschungskollektive in der DDR (an der AdW der DDR, an der Sektion Wasserwesen der TU Dresden und im Institut für Wasserwirtschaft) haben beachtenswerte Ergebnisse auf diesem Forschungsgebiet erzielt. Es müssen jedoch noch viele offene Fragen gelöst und große Schwierigkeiten überwunden werden. Einige davon seien kurz angeführt:

- Viele hydrologische Prozesse und Effekte (z. B. der Energie- und Stofftransport) sind nichtlinear, werden aber z. Z. teilweise linearisiert behandelt.
- Die natürliche und auch die vom Menschen umgestaltete Umwelt, in der die hydrologischen Prozesse ablaufen, ist hochgradig inhomogen, z. T. auch anisotrop. Deshalb zeigen die meisten hydrologischen Parameter und Elemente eine starke räumliche Veränderlichkeit, die z. Z. noch nicht immer ausreichend berücksichtigt werden kann.
- Die natürliche Zeitvarianz der hydrologischen Prozesse infolge der Vegetationsentwicklung, Verwitterung, Erosion usw. wird durch anthropogene Eingriffe

erheblich verstärkt. Deshalb gibt es für hydrologische Größen nur wenige lange Zeitreihen, die im Sinne der Statistik als „homogen“ betrachtet werden können. Das wirkt sehr erschwerend bei statistischen Auswertungen.

- Viele hydrologische Größen sind stochastischer Natur. Wir benötigen also Kenntnisse über die statistischen Eigenschaften der Modellparameter sowie der Anfangs-, Rand- und Eingangswerte der Modelle. Wir benötigen ferner Verfahren zur Abschätzung der Vertrauensgrenzen für die Ergebnisse unserer Modellrechnungen unter z. T. ungünstigen statistischen Bedingungen.
- Bei hydrologischen Prozessen wirken oft eine sehr große Zahl von physikalischen, chemischen und biologischen Komponenten in einem häufig sehr komplizierten Wechselspiel, das wir in vielen Fällen noch keineswegs völlig durchschauen. Hier sind sorgfältige Studien von Detailprozessen erforderlich.
- Es liegt der Versuch nahe, die Modelle, d. h. die Gleichungssysteme, durch „Idealisierungen“ radikal zu vereinfachen. Es werden oft „homogene“, mehr oder minder abgeschlossene Systeme im stationären Zustand bzw. im „Gleichgewichtszustand“ untersucht und dabei nur wenige Komponenten berücksichtigt. Bei vorsichtiger Handhabung kann dieses (in der klassischen Physik bewährte) Verfahren einige Erfolge bringen. Vor einer allzu breiten Anwendung dieser Methode muß jedoch dringend gewarnt werden! Unter anderem aus folgenden Gründen:
- Die räumliche Heterogenität ist für viele hydrologische Prozesse und aquatische Ökosysteme bzw. Wasserressourcen kennzeichnend und wichtig (Schichtung von Seen, Strukturen von Einzugsgebieten, Gliederung in Pedohydrotopen usw.).
- Die meisten Gewässer sind weder abgeschlossene Systeme, noch befinden sie sich in einem stationären Zustand oder (klassisch-physikalisch verstandenen) Gleichgewichtszustand. Ein offenes System im Fließgleichgewicht (Bertalanffy, 1964) ist eine bessere erste Näherung bzw. Idealisierung.
- Die verschiedenen physikalischen, chemischen und biologischen „Komponenten“ des aquatischen Ökosystems bzw. der Wasserressourcen weisen sehr unterschiedliche Zeitskalen auf (vgl. z. B. die mittlere Lebensdauer von Bakterien und Fischen!).
- Es kann zu falschen Resultaten führen, wenn man die Anzahl der biologischen „Komponenten“ eines aquatischen Ökosystems im Modell bewußt zu klein ansetzt: Die Reaktion eines aquatischen Ökosystems, z. B. eines Sees, auf eine äußere Störung hängt stark von der Anzahl und der Zusammensetzung der Arten (selbst innerhalb einer Trophiestufe) ab. Ein artenreicheres Ökosystem besitzt in der Regel ein besseres Anpassungsvermögen und Regulationsvermögen, reagiert also insgesamt gesehen „weniger stark“. Die Labilität des Ökosystems ist besonders groß, wenn nur wenige Arten vorhanden sind, die zueinander im Beute-Räuber-Verhältnis stehen und wenn die Nahrungskette in jeder Trophiestufe nur von einer einzigen Art bzw. nur von wenigen Arten repräsentiert wird. Man spricht in diesem Zusammenhang von „biozönotischer

Adaptation" und „homöostatisiertem Verhalten" einer heterogenen Population: Im artenreichen Ökosystem sind viele „Parallelbahnen" für den Stoff- und Energietransport in der Nahrungskette möglich. Das Ökosystem verfügt über viele „Abbau- bzw. Verarbeitungsprogramme", an denen sich jeweils andere Arten aus der heterogenen Organismengemeinschaft beteiligen. Für den Abbau von Abwässern unterschiedlicher Zusammensetzung bzw. für die Verarbeitung unterschiedlicher Nährstoffe können von der artenreichen Biozönose die „jeweils geeigneten" biochemischen bzw. hydrobiologischen Prozesse mobilisiert werden. Belastungsänderungen oder Belastungsschwankungen, die sich in gewissen Grenzen halten, können durch innere Strukturänderungen des Ökosystems weitgehend abgefangen werden. Die biochemische Leistung des Ökosystems (oft sogar die Gesamt-Photosynthese und die Gesamt-Respiration) bleibt fast konstant, obwohl die Individuenzahl der einzelnen Arten und eventuell auch die Gesamt-Biomasse sich ändern. Dieser Fall kann z. B. bei Temperaturänderungen eintreten: Das Ökosystem kann die gleiche Substanzmenge verarbeiten, obwohl die biochemischen Einzelreaktionen stark temperaturabhängig sind. Die biochemische Leistung einer aus mehreren Arten von Mikroorganismen bestehenden Population kann u. U. leichter prognostiziert werden als die Populationsstruktur.

- Es wäre also nicht ungefährlich, artenreiche Ökosysteme mit hohem biozönotischem Adaptationsvermögen nur um der Vereinfachung der *mathematischen* Problemstellung willen durch Modelle mit je einer „Komponente" pro Trophiestufe zu approximieren. Diese mathematische Näherung würde das durch hohes Regulationsvermögen charakterisierte, relativ weit entwickelte artenreiche Ökosystem ungewollt "umwandeln" in ein artenarmes, in gewisser Hinsicht labileres Ökosystem, wie es in der Natur auf einer früheren Stufe der biozönotischen Evolution auftritt. Ökosysteme dieser frühen Stufe können durch hohe Abwasserbelastungen auf dieser Entwicklungsstufe gehalten werden, die meist durch das Massenwachstum weniger, raschwüchsiger Arten relativ niederer Stufe (Algen usw.) gekennzeichnet ist. Die mathematische Vereinfachung vom „Vielkomponentenfall" auf wenige Komponenten kann dem Übergang in einen anderen Typ aquatischer Ökosysteme entsprechen.
- Diese Forderung nach der mathematischen Erfassung von Vielkomponentensystemen stellt uns auch aus der Sicht der Kybernetik und Systemtheorie vor schwierige Probleme, zumal ein Teil der Beziehungen zwischen den Systemkomponenten nichtlinear ist.
- Wenn vor einer ungewollt starken Vereinfachung des Systems der Grundgleichungen aquatischer Ökosysteme bzw. Wasserressourcen gewarnt werden muß, stellt sich die Frage, auf welchen Wegen wir die Vervollkommnung und Lösung dieses Gleichungssystems erreichen können? *Ein* Weg scheint zu sein, „Teile" des Gesamt-Gleichungssystems an geeigneten Objekten (ausgewählten Seen, Talsperren, Bodenwasser- bzw. Grundwasserbewegungen usw.) zu studieren, bei denen bestimmte physikalische, chemische oder biologische Effekte

eindeutig dominieren. Natürlich müssen aus solchen Forschungsarbeiten an speziellen Objekten (die möglichst zugleich volkswirtschaftliche Schwerpunkte sein sollten und an denen deshalb gute Möglichkeiten für die nationale Kooperation, für die Gewinnung von Meßdaten und für die schnelle Überführung von Zwischenergebnissen in die Praxis bestehen) allgemeingültige wissenschaftliche Erkenntnisse gewonnen werden, die zur ständigen Verbesserung der „Gesamt-Theorie" beitragen, die uns lehren das Gesamtsystem der Grundgleichungen zu vervollkommnen, seinen Gültigkeitsbereich einzuschätzen und zu erweitern und die Zuverlässigkeit der mit seiner Hilfe berechneten Prognosen zu erhöhen.

- Das Gesamtsystem der Grundgleichungen für aquatische Ökosysteme bzw. für andere Wasserressourcen bedarf dringend der Vervollkommnung. Nur ein Gesichtspunkt sei hier erwähnt: Die Energieströme und Energiebilanzen spielen eine wesentliche Rolle. Sie sind aber nicht die allein entscheidenden Größen! Die Stoffumsetzungen und die Lebensprozesse im Gewässer werden in nicht vernachlässigbarem Maße durch chemisch bzw. biochemisch wirkende Substanzen beeinflußt oder gesteuert, die nur in „Mikrokonzentrationen" auftreten und mit extrem kleinen Energietransporten gekoppelt sind. Dieser Tatsache muß durch eine „Erweiterung" oder „Umbildung" des Gleichungssystems entsprochen werden.
- Die derzeit verwendeten Bilanzen von Stoffkonzentrationen, Biomassen, Energie, Impulse (und Entropie) entsprechen etwa dem System der Grundgleichungen der Themodynamik irreversibler Prozesse, wenn auch das volle Gleichungssystem sehr selten angewendet wird. Eine rein chemisch-mechanisch-thermodynamische Betrachtungsweise reicht indessen nicht aus. Biologie, Biochemie und Toxikologie müssen uns lehren, wie wir unsere hydrologischen Modelle sachgemäß vervollkommnen können
  - zur verbesserten Erfassung der Lebenstätigkeit der Biokomponenten und der Biozönosen,
  - zur quantitativen Berücksichtigung der steuernden bzw. zerstörenden Einwirkungen von Biokatalysatoren, Toxinen usw. (Enzyme, Hydrolasen, Lyasen, Transferasen, Oxydoreduktasen, ...),
  - Zur Einbeziehung der Metabolisierungsleistungen, der Anpassungsfähigkeit und der Belastbarkeit von Lebewesen.

In diesem Zusammenhang muß auch der physikalische Entropiebegriff eine angemessene Erweiterung erfahren („Ökentropie").

5.5. *Schluß*

Schutz und Pflege der Wasserressourcen müssen integrale Bestandteile der Wassernutzung sein. Zu den Voraussetzungen für die Lösung dieser Aufgabe gehören eine leistungsfähige hydrophysikalisch-hydrochemisch-hydrobiologische

Forschung, die interdisziplinäre naturwissenschaftlich-technologisch-gesellschaftswissenschaftliche Zusammenarbeit, die internationale Kooperation sowie die ständige und umfassende Vervollkommnung der Abwasserbehandlung und Trinkwasseraufbereitung. Ungerechtfertigt hohe Ansprüche an die Wasserwirtschaft müssen vermieden werden [156]. Der Erziehung und Weiterbildung kommt große Bedeutung zu [201]. Trinkwasserversorgung, Erholungswesen, Industrie, Land- und Forstwirtschaft, Städtebau und Landschaftsgestaltung können sich nur unter strenger Beachtung der ökologischen Bindungen, des Umweltschutzes und der Umweltgestaltung, der Wechselwirkungen zwischen Natur und Gesellschaft zum Nutzen künftiger Generationen weiterentwickeln [202] bis [204].

Zu den im Vortrag nur kurz angeschnittenen Problemen und Verfahren bietet das Literaturverzeichnis ergänzende Informationen unter Bevorzugung der in den letzten Jahren in der DDR erzielten Ergebnisse (vgl. ferner [205], [206]).

Literatur

[1] Marcinek, J.: Der Abfluß von Landflächen der Erde und seine Verteilung auf 5 °-Zonen. Mitteil. Inst. f. Wasserwirtschaft, Heft 21, Berlin 1964.

[2] Dyck, S.: Die Wasserhaushaltsbilanz unserer Erde. Wiss. u. Fortschritt 5 (1968), 208–213.

[3] Todd, D. K. (Ed.) The water encyclopedia. Port Washington. N. Y. 1970.

[4] Lvovich, M.: The world's water to day and to morrow, Moscow 1973.

[5] L'vovič, M. I.: Mirovye vodnye resursy i ich buduščee. Moskva 1974.

[6] Mirovoj vodnyj balans i vodnye resursy Zemli/World Water Balance and Water Resources of the Earth. (Hydromet. Dienst UdSSR u. Komitee d. UdSSR f. d. IHD) Leningrad, 1974.

]7[van der Leeden, F.: Water resources of the world. Port Washington. N. Y., 1955.

]8[Szafer, W., u. W. Michailow: Protection of man's natural environment. Warszawa 1973.

[9] Sokolov, A. A.: Generalbericht „Wasserhaushalt Europas" zum UNESCO-WMO-Seminar, Varna, 27. 9.–2. 10. 1976.

[10] Chow, Ven Te: Optimal Operation of Water Resources Systems. General Report Int. Symp. Mathem. Models in Hydrology (Topic 8), Warsaw 1971.

[11] Domokos, M.: Probleme der Einführung der wasservorratlichen Systemplanung in Ungarn. Dt. Gewässerkdl. Mitt. 18 (1974), H. 5.

[12] Becker, A.: Prinzipien und Grundlagen der wasserwirtschaftlichen Planung und Prozeßsteuerung in Flußgebieten. Diss. (B), TU Dresden 1975.

[13] Becker, A.: Entwicklungstendenzen bei der wasserwirtschaftlichen Planung und Prozeßsteuerung in Flußgebieten. Wasserwirtschaft-Wassertechnik (WWT) 26 (1976), 399–405.

[14] Delyannis, A. A.: Water desalting. Berlin/Heidelberg/New York 1974.

[15] Kohout, F. A. (Ed): Saline water a valuable resource. Repr. from Water Research 6 (1970), 1441–1531.

[16] Sourirajan, O.: Reserve osmosis. London 1970.

[17] SAVAGE, W. F.: A review of desalination processes and product water costs. Water Resources Research **6** (1970), 1449–1453.

[18] SPIEGELER, K. S.: Principles of desalination. New York/London 1966.

[19] PASSINO, R. (Ed.): Biological and artificial membranes and desalination of water. Amsterdam/New York, 1976.

[20] GRIN, A. M.: Umschau **75** (1975), 137–143.

[21] Mensch-Umwelt. Informationen aus Wiss. u. Technik Wiss. Informations-Zentrum AdW der DDR 1973, Nr. 1.

[22] Izučenie i ispol'zovanie vodnych resursov SSSR. Inst. Vodnych Problem AN SSSR, Nauka, Moskau 1970.

[23] GRIN, A. M.: Wasserhaushalt der russischen Ebene. Umschau **72** (1972), 551–554.

[24] PARLANGE, J.-Y., D. E. AYLOR: Response of an unsaturated soil to forest transpiration. Water Resources Res. 11 (1975), 319–323.

[25] MURPHY, CH. E., K. R. KNOERR: The evaporation of intercepted rainfall from a forest stand: An analysis by simulation. Water Resources Res. 11 (1975), 273–280.

[26] PAUCKE H., E. LUX: Zur wasserregulierenden Wirkung des Waldes. Acta hydrophysica **23** (1978), H. 2 (im Druck).

[27] GRIN, A. M., u. T. A. SAVEL'JEVA: Izv. AN SSSR, Ser. Geograf. 1971, No. 1.

[28] GRIN, A. M., T. A. SAVEI'JEVA, Jc. P. ČERYŠEV: Izv. AN SSSR, Ser. Geograf. 1972, No 2.

[29] L'VOVIC, A. I., Izv. AN, SSSR, Ser. Geogr. 1963, No 3.

[30] KORNOKEVIČ, N. I.: Vopprossy Geografii, No 73, Moskva, 1968.

[31] HOLLIS, G. E.: The effect of urbanisation on floods of different recurrence intervall. Water Resources Res. 11 (1975), 431–435.

[32] HSIEH, F. S.: Changes in storm hydrographs after road building and clear-cutting in the Oregon Coast Range. Water Resources Res. 11 (1975), 436–444.

[33] HUFF, F. A.: Urban effects on the distribution of heavy convevtive rainfall. Water Resources Res. 11 (1975), 889–896.

[34] GRAF, W. L.: The impact of suburbanization on fluvial geomorphology. Water Res. 11 (1975), 690–692.

[35] WIPPLE, W. jr., M. M. HUFSSCHMIDT: Reorientation of urban-related water resources research. Water Resources Res. 12 (1976), 762–766.

[36] DYCK, S. berichtete in einem Vortrag am 24. 6. 1976 in Leipzig über den von ihm und seinen Mitarbeitern festgestellten Einfluß der Urbanisierung auf die Hochwasserganglinie im Raum Karl-Marx-Stadt.

[37] GRINGMUTH, W., H. ROOS: Problems relating to the long-term planned use of the natural water resources in the German Democratic Republic. Produced of EUTROSYM '76 (1968), vol II, 104–118.

[38] DYCK, S.: Die Wassermengenbilanz für das Gebiet der DDR. Wiss. Z. TU Dresden **15** (1966), 1405–1412.

[39] Täglich Milliarden Liter Wasser. Neues Deutschland, 21. 6. 1976. (Vgl. auch die Statistischen Jahrbücher der DDR.)

[40] National Report of the GDR to the UNEÜCO-WMA-Conference on Hydrological Problems in Europe. Berlin 1973.

[41] Report of the GDR on the Results of the Internat. Hydrological Decade 1965–1974. Dresden 1974.

[42] Uhlmann, D.: Störungen des biologischen Gleichgewichts in Gewässern. Abhandl. Sächs. Akad. Wiss. Leipzig, math.-nat. Kl., 52 (1973/74), H. 2.

[43] Benndorf, J., E. Hoehne: Stoffhaushalt stehender Gewässer Teil 2: Stoffhaushalt des gesamten Ökosystems und seine anthropogene Beeinflussung. Fortschrittbericht. Acta hydrochim. hydrobiol. 2 (1974), 3—25.

[44] Uhlmann, D., G. Weise, A. Gnauck: Gleichgewicht und Stabilität in Ökosystemen. Biol. Rdsch. 12. (1974), 365—381.

[45] Biologičeskoe samočiščenie i formirovanie kačestva vod. Isd-vo Nauka, Moskau 1975.

[46] Kul'skij, L. A., V. V. Dal': Problemy čistoj vody. Kiew 1974.

[47] Krugovorot veščestva i energii u ozernyx vodoemach. AN SSSR (Sib. Otd.), Limnolog. Inst. Novosibirsk, 1975.

[48] Skopincev, B. A.: Formirovanie sovremennogo chimičeskogo sostava vod. Leningrad 1975.

[49] Kaeding, J., H. Klapper u. U. Schaake: Zu den stoffverändernden Funktionen der Gewässer und ihrer ökonomischen Bewertung. WWT 22 (1972) 260—264.

[50] Kaeding, J., H. Klapper, U. Schaake: Zur Bewertung der Funktionen von Gewässern. Wiss. Z. TU Dresden 22 (1973), 667—669.

[51] Klapper, H.: Zur Belastbarkeit und Selbstreinigungsleistung der Gewässer. WWT 24 (1974), 259—262.

[52] Vollenweider, R. A.: Die wissenschaftlichen Grundlagen der Seen- und Fließgewässereutrophierung, unter besonderer Berücksichtigung des Phosphors und des Stickstoffs als Eutrophierungsfaktoren. OECD Research Report DAS/CSI 68. 27, 1968.

[53] Landner, L.: Eutrophication of lakes — its causes, effects and means of control with emphasis on lake rehabilitation. WHO Long-Term Program in Environm. Poll. Control. EURO 3130. Swedish Water and Air Pollution Research Laboratory, Stockholm 1976, 98 p.

[54] Griffith, E. J.: Environmental phosphorus Handbook. New York 1973.

[55] Ganapati, S. V.: Economic and social aspects of eutrophication. General Report. Proceed. of EUTROSYM '76 (1976), vol. II, 5—22.

[56] Müller, H.: Binnenschifferei und Gewässerschutz. Dt. Fischerei — Ztg. 18 (1971), 8—22.

[57] Herold, H., D. Barthelmes: Freshwater fishery and condition of waters. Proceed. of EUTROSYM '76 (1976), vol. II, 119—128.

[58] Gueev, A. G.: Ochrana rybochozjajstvennych vodoemov ot zagrjaznenija. Moskau 1975.

[59] Horn, K.: Gesundheitsgefährdung durch nitrathaltige Trinkwässer. Z. ges. Hygiene und Grenzgeb. 8 (1962), 569—572.

[60] Kohlstrunk, A., D. Wolter: Über die Möglichkeiten zur Lösung des Nitratproblems. Z. ges. Hygiene und Grenzgeb. 11 (1965), 88—93.

[61] Bower, H.: Use of the earth's crust for treatment or storage of sewage effluent and other waste fluids. CRC Critical Reviews in Environm. Control, March 1976, 111—130.

[62] EUTROSYM '76: Proceed. Internat. Symp. on Eutrophication and Rehabilitation of Surface Waters (5 Parts), Berlin 1976. (Ausgaben auch in russ., franz. und dt. Sprache).

[63] Thomann, R. V.: Mechanisms, trends and modelling of eutrophication of water systems. General Report. Proceed. EUTROSYM '76 (1976), vol. III, 6—52.

[64] Szabó, I.: The relationship between the Balaton and its catchment area. Proceed. of EUTROSYM '76 (1976), vol. II, 164—181.

[65] Tóth, L.: On eutrophication process in lake Balaton. Proceed. of EUTROSYM '76 (1976), vol. III, 372—386.

[66] Denissova, A. J., I. K. Nakshina, I. K. Palamarchuk: Eutrophication of the Dnieper under the conditions of regulated outflow. Proceedings of EUTROSYM '76 (1976) vol. III, 63—75.

[67] Schlungbaum, G., G. Nausch, M. Stengl: The effect of the sediment on eutrophication in coastal waters. Proceed. of EUTROSYM '76 (1976), vol. III, 282—305.

[68] Poltz, J.: Observations concerning the nutrient exchange between water and sediments in some eutrophicated shallow waters in Niedersachsen. Proceed. of EUTROSYM '76 (1976), vol. III, 273—281.

[69] Moursi, H. A.: Weed control in the irrigation and drainage systems of Egypt, the present problem and proposed solution. Proceed. of EUTROSYM '76 (1976), vol. IV, 71—88.

[70] Chugunov, J. A., V. I. Maljuk: Investigation on anthropogenous eutrophication of inland waters (freshwater) of the USSR. Proceed. of EUTROSYM '76 (1976), vol. II, 63—74.

[71] Koriath, H.: Fertilizer application and eutrophication. Proceed. of EUTROSYM '76 (1976), vol. II, 132—141.

[72] Engst, R., u Knoll, R.: Zur Anreicherung von Rückständen chlorierter Kohlenwasserstoffe in der Nahrungskette. Ernährungsforschung **18** (1973), 1—8.

[73] Tscheu-Schlüter, M.: Zur Bestimmung der akuten Toxizität von Herbiziden gegenüber Phytoplankton. Fortschr. Wasserchemie 14 (1972), 159—168.

[74] Tscheu-Schlüter, M.: Zur akuten Toxizität von Herbiziden gegenüber ausgewählten Wasserorganismen. Acta hydrochim. hydrobiol. 2 (1974), 139—159.

[75] Tscheu-Schlüter, M.: Water toxicological assessment of selected pesticides. Proceed. of EUTROSYM '76 (1976), vol. IV, 88—98.

[76] Martell, J. M. et al.: PCBs in suburban watershed, Reston, Va. Environm. Sci and Technol. 9 (1975), 872.

[77] Heinrich, H., Muench, H.-D.: Hygienische Aspekte bei der Nutzung unserer Wasserressourcen. Technik und Umweltschutz, Luft, Wasser, Boden, Lärm. Bd. 5, Leipzig 1973, S. 133—139.

[78] Schmidt, E.: Ökosystem See. Heidelberg 1974.

[79] Pieczyńska, E.: The influence of tourism and recreation on the eutrophication of freshwaters. General Theses. Proceed. of EUTROSYM '76 (1976), vol. II, 152—156.

[80] Klapper, H., W. Gringmuth: Water-tied recreation and eutrophication. Proceed. of EUTROSYM '76 (1976), vol. II, 190—192.

[81] Leeden, F. van der: Ground water, a selected bibliography. Water Inform. Center, Port Washington, New York, 1971.

[82] Kaufmann, W. J.: Chemical Pollution of ground-water J. Amer. Water Works Assoc. **66** (1974) 3.

[83] Huhn, W.: Das Verhalten lipophiler Spurenstoffe bei der Grundwasseranreicherung. T. 2: Modellversuche. Acta hydrochim. hydrobiol. 2 (1974), 173—178.

[84] Kramer, D., W. Krüger, F. Schulz: Gewässerverunreinigung durch Nährstoffe aus der landwirtschaftlichen Produktion und Maßnahmen zu ihrer Verhinderung. WWT 22 (1972), 311—314.

[85] Klapper, H., K.-H. Arnold, E. Beuschold, R. Koschel, G. Mothes: Maßnahmen zum Schutz der Oberflächengewässer vor schädlichen Wirkungen aus der Mineraldüngung. Acta hydrochim. hydrobiol. 2 (1974), 203—216.

[86] Melcher, R.: Die Auswaschung von Nährstoffen aus landwirtschaftlichen Nutzflächen in das Grundwasser. Nachr. Mensch-Umwelt 4 (1976), H. 2/3, 62—68.

[87] Jancyk, H. et al.: Persistent pesticides in Mikolajskie Lake, Bull. Acad. Polon. Sci., Ser. Sci. Biol. Cl. II, **20** (1972), 297—308.

[88] Johannes, H., u. Kemmerling, W.: Chemische Unkrautbekämpfung. Wasser und Boden 8 (1972), 235—237.

[89] Wolter, D.: DDT in Oberflächengewässern. Z. ges. Hygiene und Grenzgeb. 18 (1972), 247—248.

[90] Koch, R. K. Strobel: Zur Problematik der Festlegung hygienischer Grenzwerte für Wasserschadstoffe am Beispiel von DDT und Lindan. Z. ges. Hygiene u. Grenzgeb. 20 (1974), 219—222.

[91] Aurada, K. D.: Determination and forecasting of the short-range component of total salt load. J. Hydrol. Sci. (Warschau) 2 (1975), 167—182.

[92] Peukert, V.: Untersuchungen des Einflusses atmosphärischer Verunreinigungen auf die Wasserbeschaffenheit der Gewässer. WWT 24 (1974), 158—161.

[93] Peukert, V., C. Pannig: Einfluß anorganischer Luftverunreinigungen auf die Wasserbeschaffenheit von Trinkwassertalsperren. Acta hydrochim.. hydrobiol. 3 (1975), 545—552.

[94] Krenkel, P. A., F. D. Parker (Ed.): Biological aspects of thermal pollution. Nashville, Tenn. 1969.

[95] Trüb, E. U.: Betrachtungen über die Veränderung des Sauerstoffgehaltes im Grundwasser als Folge von Flußstau und Temperaturerhöhung des Flußwassers. GWF- Wasser/Abwasser, 112 (1971), H. 9.

[96] Haberer, K.: Mögliche Auswirkungen einer künstlichen Temperaturerhöhung der Oberflächengewässer auf die Wasserversorgung. GWF — Wasser/Abwasser 114 (1973), 565—570.

[97] Koschel, R.: Einfluß der physikalischen und chemischen Umweltfaktoren auf die Primärproduktion des Phytoplanktons im Stechlinsee. Diss. TU Dresden, Fak. Bau-, Wasser- und Forstwesen, 1974.

[98] Mothes, G.: Veränderungen in Nährstoffstandard und Fauna im Stechlinsee — System unter dem Einfluß von Strömung und Temperatur. Naturschutzarbeit in Berlin und Brandenburg 10 (1974), 50—55.

[99] Mothes, G.: Der Einfluß eines Kraftwerkes auf das Makrozoobenthos des Stechlinseesystems. Acta hydrochim. hydrobiol. 3 (1975), 353—367.

[100] Heitmann, M.-L.: Thermic load on Stechlinsee caused by nuclear power station. Proceed. of EUTROSYM '76 (1976), vol. III, 127—140.

[101] Koschel, R., G. Mothes: Change of the biological productivity in a lake system through the inflow of cooling water from a nuclear power plant. Proceed. of EUTROSYM '76 (1976), vol. III, 209—223.

[102] Vischer, D.: Wasserbau im Umweltbezug. Leitmotiv Wasser, Festschr. z. 65. Geburtstag von E. Mosonyi, Karlsruhe 1975, S. 427—444.

[103] KLAPPER, H.: Klassifizierung der Seen und Maßnahmen der Wassergütebewirtschaftung stehender Gewässer. WWT 26 (1976), 255—258.

[104] KALBE, L.: Wassergütewirtschaftliche Probleme bei der Nutzung natürlicher Seen als Speicher. Acta hydrochim. hydrobiol. 4 (1976), 35—41.

[105] SCHULZE, E., H.-J. DOBERKAU: Anforderungen an die Sanierung des Einzugsgebietes von Trinkwassertalsperren und dem Wirkungsgrad der Wasseraufbereitung aus der Sicht der Kommunalhygiene. Acta hydrochim. hydrobiol. 3 (1975), 403—411.

[106] NIEMANN, E.: Die forstwirtschaftliche Behandlung der Einzugsgebiete von Trinkwassertalsperren. Acta hydrochim. hydrobiol. 3 (1975), 563—576.

[107] KLAPPER, H., W. KRÜGER: Lösungsvorschläge zur Minderung des Nitrateintrages in Talsperren. WWT 26 (1976), 262—264.

[108] BEUSCHOLD, E.: To the problem of complex management of impoundment reservoire catchment area with the goal to prevent the eutrophication. Proceed. of EUTROSYM '76 (1976), vol. II, 24—51.

[109] WEGENER, U., K. DÖRTER, E. BEUSCHOLD: Der Einfluß der landwirtschaftlichen Nutzung von Talsperreneinzugsgebieten auf den Nährstoffeintrag in Trinkwassertalsperren. Acta hydrochim. hydrobiol. 3 (1975), 553—561.

[110] CHALUPA, M.: Reduction of nutrient input into the water by using organic mineral fertilizers in water protection areas. Proceed of EUTROSYM '76 (1976), vol. V., 39—45.

[111] KLAPPER, H., K.-H. ARNOLD, E. BEUSCHOLD, R. KOSCHEL, G. MOTHES: Maßnahmen zum Schutz der Oberflächengewässer vor schädlichen Wirkungen aus der Mineraldüngung. Acta hydrochim. hydrobiol. 2 (1974), 203—216.

[112] Literaturzusammenstellung: Abwasser und Abluftreinigung aus der Sicht des Verfahrenstechnikers. Zentralinst. f. Information und Dokumentation der DDR, Berlin 1975.

[113] HEMMANN, CH., I. SCHMIDT, M. WINTER: Chemische und physikalisch-chemische Verfahren der Abwasserbehandlung in der chemischen und artverwandten Industrie. Literaturbericht Wiss. Informationszentrum AdW der DDR, Inform. aus Wiss. und Technik C 8, Berlin 1976.

[114] SCHUSTER, G.: Untersuchungen zur Elimination des Pflanzennährstoffes Phosphor aus häuslichem Abwasser. Diss. TU Dresden, Fak. Bau-, Wasser- u. Forstwesen 1973, 150 S.

[115] DOBOLYI, E.: Survey of some sewage treatment plants on the shore of lake Balaton, with special regard to nutrient removal. Proceed. of EUTROSYM '76 (1976), vol. V, 46—58.

[116] PANNICKE, E.: Einsatzmöglichkeiten für Klärschlamm in der landwirtschaftlichen Pflanzenproduktion. Nachrichten Mensch-Umwelt 4 (1976), H. 2/3, 57—61.

[117] SCHMECHEL, W.: Einsatz von Abwässern der kohleveredelnden Industrie zur landwirtschaftlichen Pflanzenproduktion auf der Kippe „Spreetal". Nachrichten Mensch-Umwelt 4 (1976) Heft 2/3, 74—79.

[118] KRÜGER, W., F. SCHULZ: Stand und Bedeutung der Abwasserbodenbehandlung in der DDR. WWT 26 (1976), 266—268.

[119] POCH, M.: Abwasserbodenbehandlung aus hygienischer Sicht. WWT 26 (1976), 271.

[120] WETZEL, A.: Technische Hydrobiologie. Trink-, Brauch-, Abwasser. Leipzig 1969.

[121] Water Quality and Treatment. A Handbook, prep. by Amer. Water Works Ass., Port Washington, N.Y., 1971.

[122] Beuschold, E.: Anforderungen an die Beschaffenheit des Rohwassers von Trinkwassertalsperren aus der Sicht der Wasseraufbereitung. Acta hydrochim. hydrobiol. 3 (1975), 413–432.

[123] Felföldy, L.: Use of eutrophicated waters and technologies for their rehabilitation. General Report. Proceed. of EUTROSYM '76 (1976), vol. V, 6–21.

[124] Aguirre Martinez, J.: Measures against mass growth of aquatic weeds and phytoplankton. Proceed. of EUTROSYM '76 (1976), vol. IV, 5–28.

[125] Klapper, H., D. Uhlmann: The mangagement of drinking water reservoirs in the German Democratic Republic. Environm. Protect. Eng. 1 (1975), 119–136.

[126] Klapper, H.: Limnologische Erkenntnisse und ihre Anwendung in der wasserwirtschaftlichen Praxis. Limnologica 9 (1975), 427–441.

[127] Kalbe, L.: Restoration of highly eutrophic shallow lakes and possible uses of lake sediments. Proceed. of EUTROSYM '76 (1976), vol. V, 59–71.

[128] Mańczak, H., H. Szymańska: Principles of dammed up and standing waters protection against eutrophication. Proceed. of EUTROSYM '76 (1976), 90–119.

[129] Wegner, U.: Der Nährstoffabtrag von landwirtschaftlichen Nutzflächen und seine Verminderung bei der Verhinderung der Talsperreneutrophierung – gezeigt am Beispiel des Einzugsgebietes der Hassel im Harz. Diss. Univ. Halle, Landw. Fak., 1972, 125 S.

[129 a] Wegner, U.: Hinweise zur Phosphordüngung landwirtschaftlicher Flächen in Talsperrengebieten. WWT 25 (1975), 197–200.

[130] Nitzsche, G.: Untersuchungen über den Phosphor- und Stickstoffabtrag von landwirtschaftlichen Nutzflächen zur Verhinderung der Eutrophierung der Rappbodetalsperre im Harz. Diss. Univ. Halle, Landw. Fak., 1973, 111 S.

[131] Pütz, K.: Bilanz des Nährstoffeintrages in Talsperren und seine Verringerung mit Hilfe von Sanierungs- und wassergütewirtschaftlichen Maßnahmen. Acta hydrochim. hydrobiol. 4 (1976), 3–12.

[132] Benndorf, J., K. Pütz, H. Krinitz, W. Henke: Die Funktion der Vorsperren zum Schutz der Talsperren vor Eutrophierung. WWT 25 (1975), 19–25.

[133] Benndorf, J., K. Pütz, M. Friemel: Die Berechnung des Nährstoffrückhaltevermögens von Vorsperren und deren Bemessung. Acta hydrochim. hydrobiol. 3 (1975), 517–522.

[134] Benndorf, J., K. Pütz, W. Kraatz: On the function of preimpoundment basins. Proceed. of EUTROSYM '76 (1976), vol. V, 22–38.

[135] Benndorf, J.: Prognose des Stoffhaushaltes von Staugewässern mit Hilfe kontinuierlicher und semikontinuierlicher biologischer Modelle. II. Prüfung der Prognosegenauigkeit. Intern. Rev. ges. Hydrobiol. 58 (1973), 1–18.

[136] Höhne, E., R. Hofmann, D. Uhlmann: Die wichtigsten Stoffumsatz- und Stofftransportprozesse in Trinkwassertalsperren. Acta hydrochim. hydrobiol. 3 (1975), 433–444.

[137] Hofmann, R.: Untersuchungen zum Phosphathaushalt der Talsperre Saidenbach. Diss. TU Dresden, Fak. Bau-, Wasser- und Forstwesen, 1972.

[138] Saalbreiter, R.: Räumliche und zeitliche Verteilung von Fäkalbakterien in Trinkwassertalsperren. Acta hydrochim. hydrobiol. 3 (1975), 489–497.

[139] Schuster, G.: Die Rückhaltung von Phosphorverbindungen durch Zugabe von Füllmitteln. Acta hydrochim. hydrobiol. 3 (1975), 523—534.

[140] Olszewski, P.: Versuch einer Ableitung des hypolimnischen Wassers aus einem See. Verh. intern. Verein. Limnol. 14 (1961), 855—861.

[141] Klapper, H.: Oligotrophierung eines tiefen, geschichteten Sees in einem Erholungsgebiet durch Ableitung des Tiefenwassers. Limnologica 10 (1976), 587—593.

[142] Wilinski, E., G. Brettig: Verfahren zum Eintragen von Sauerstoff und Chemikalien in Wasser, insbesondere in Oberflächengewässern, und Einrichtungen zur Durchführung des Verfahrens. DDR-Pat. 74501 vom 5. 7. 1970.

[143] Klapper, H., E. Wilinski, K. Glass: Entfernung von gelöstem Eisen und Mangan in Trinkwassertalsperren durch Tiefenwasserbelüftung. Acta hydrochim. hydrobiol. 3 (1975), 505—510.

[144] Tümpling, W. v., H. Ziemann: Zur Bemessung der Tiefenwasserbelüftung von Trinkwassertalsperren. Acta hydrochim. hydrobiol. 3 (1975), 511—516.

[145] Fast, A. W., V. A. Dorr, R. J. Rosen: A submerged hypolimnion aerator. Water Resources Res. 11 (1975), 287—293.

[146] Fast, A. W., W. J. Overholtz, R. A. Tubb: Hypolimnetic oxygenation using liquid oxygen. Water Resources Res. 11 (1975), 294—299.

[147] Klapper, H.: Die künstliche Tiefenwasserbelüftung und ihr Einfluß auf den Stoffhaushalt einer nährstoffreichen Talsperre. Limnologica 10 (1976), 607—616.

[148] Klapper, H.: Einsatz der Belüftung zur Gesunderhaltung stehender Gewässer. Literaturbericht. Acta hydrochim. hydrobiol. 4 (1976), 287—299.

[149] Klapper, H., K. Glass: Technologies of deep water aeration developed in the GDR and experiments in rehabilitation of lakes. Proceed. of EUTROSYM '76 (1976), vol. V, 72—89.

[150] Kramer, D., G. Schmaland, E. Manzke: Möglichkeiten zur chemischen Bekämpfung von Unterwasserpflanzen. WWT 22 (1972), 422—426.

[151] Kramer, D., G. Schmaland: The use of herbicides for chemical weed control including algal control and its relationships to environmental control. Proceed. of EUTROSYM '76 (1976), vol. IV, 65—70.

[152] Barthelmes, D.: On the effect of hypophthalmichthys molitrix in the ecosystems pond and lake. Proceed. of EUTROSYM '76 (1976), vol. IV, 29—36.

[153] Jähnichen, H.: Combat against macrophytes by ctenopharyngodon idella. Proceed. of EUTROSYM '76 (1976), vol IV, 37—45.

[154] Busch, K.-H., G. Weise: Landeskultur und Umweltschutz und daraus resultierende Aufgaben für die Naturressourcenbewirtschaftung und Erholung. Wiss. Z. TU Dresden 22 (1973), 575—580.

[155] Niemann, E.: Landschaftpflege an Gewässern auf ökologischer Grundlage. WWT 24 (1974), 152—157 und 224—246.

[156] Mauersberger, P.: Die Berechnung von Grundwasserströmungen als Beitrag zur Sicherung der Wasserversorgung. Leopoldina 20 (1976), 101—117.

[157] Buchheim, W.: Übersichtsbericht zur Problematik der physikalischen Parameter von Wasser in kapillaren Hohlräumen. Acta Hydrophysica 18 (1974), 77—88.

[158] Buchheim, W., H. Gast, Chr, Oelsner: Erfahrungen beim Einsatz geophysikalischer Verfahren zur Lösung von Umweltschutzproblemen auf dem Gebiet des Wassers. Freiberg Forsch.-Hefte C 3, 8 (1976), 141—154.

[159] Dooge, J. C. I.: Mathematical models of hydrologie systems. Modelling of water resources systems. In [160], Montreal, 1972, S. 170–188.

[160] Biswas, A. K. (Ed.): Modelling of water resources systems. (2 vols.), Montreal, 1972.

[161] Becker, A., E. Glos: Grundlage der Systemhydrologie, Mitteil. Inst. f. Wasserwirtschaft, Heft 32 (1969).

[162] Dyck, S., Ch. Kluge: Zur mathematischen Modellierung hydrologischer Zeitreihen. Gerlands Beitr. z. Geophysik 82 (1973), 345–360.

[163] Roždestvenski, A. V., A. I. Čebotaev: Statisticeskie metody v gidrologii, Leningrad, 1974.

[164] Apollov, B. A., G. P. Kalinin, V. D. Komarov: Kurs gidrologiceskich prognozov. Leningrad, 1974.

[165] Vansteenkiste, G. C. (Ed.): Computer simulation of water resources system. Amsterdam/Oxford/New York, 1975.

[166] Mauersberger, P.: Deterministische und stochastische Modelle in der Hydrologie. KAPG-Symposium „Theoretische Forschungsmethoden der Geophysik, Geologie und Astrophysik“, Eisenach 13.–18. 1. 1975. Kurzfassungen d. Vorträge, Berlin 1975. p. 73.

[167] Ozga-Zielińska, M.: Structure and operator functions of mathematical models of hydrological systems. Journ. Hydrol. Sci. 3 (1976), 1–22.

[168] Gheorghita, ŞT. I.: Metode matematice in hidrogazodinamica subterana. Bukarest, 1966.

[169] Gnauck, A.: Theoretische Grundlagen zur mathematischen Modellbildung eines Talsperren-Ökosystems. Diss. TU Dresden 1976.

[170] Bock, P. (Ed.): Approaches to earth survey problems throught use of space techniques. Proceed. COSPAR-Sympos. Konstanz, 23.–25. 5. 1973, Berlin, 1974.

[171] Wrigley, R. C.: Remote sensing and lake eutrophication. Nature 250 (1974) 5463, 213–214.

[172] Henson, E. B., A. O. Lind, M. Potash: Limmological utilization of ERTS-1 satellite imaginary. Verhandl. Internat. Verein. Limnol 19 (1975), 179–188.

[173] Rochon, G., E. J. Langham: Teledection par satellite dans l'évaluation de la qualité de l'eau. Verhandl. Internat. Verein. Limnologie 19 (1975), 189–196.

[174] Lindner, A., G. Wolff: Possibilities for and advantages of using colour air photopraphs for the cartography of macrophytes in turbid waters. Proceed. of EUTROSYM '76 (1976), vol. III, 245–256.

[175] Schanda, E. (Ed.): Remote sensing for environmental sciences. Berlin/Heidelberg/New York 1976.

[176] Domenico, P. A.: Concepts and models in groundwater hydrology, New York/London/Toronto 1972.

[177] Gray, D. M. (Ed.): Handbook of the principles of hydrology. Water Informat. Center, Port Washington, 1973.

[178] Dyck, S. et al.: Angewandte Hydrologie, Teil 1, Berlin, 1976 (Teil 2 im Druck).

[179] Busch, K.-F., L. Luckner: Geohydraulik. Leipzig, 2. Aufl. 1973.

[180] Uhlmann, D.: Hydrobiologie; Ein Grundriß für Ingenieure und Naturwissenschaftler. Jena 1975.

[181] Rheinheimer, G.: Mikrobiologie der Gewässer. 2. Aufl., Jena 1975.

[182] KRIZEK, R. J., E. F. MOSONYI: Water Resources Instrumentation. Vol 1.: Measuring and Sensing Methods. Ann. Sci. Publ., Ann. Arbor. 1975.

[183] Glavnoe upravlene gidrometeorologičeskoj slušby pri Sovete ministrov SSSR: IV Vsesojuznyi gidrologičeskij sjezd, kratkie itogi i rešenija. (Hauptverwalt. Hydrometerol. Dienst d. UdSSR: Kurzfassung der Ergebnisse u. Resolutionen des IV. Allunionskongresses f. Hydrologie, Okt. 1973). Leningrad 1974.

[184] MAUERSBERGER, P.: Wasserversorgung und hydrologische Forschung. Wiss. Informationszentrum AdW der DDR. Inform. aus Wiss. u. Technik 4 (1975), No. 19.

[185] KOZERSKI, H. P.: Beitrag zur Anwendung der mathematischen Modellierung zur Prognose der Wasserbeschaffenheit in Trinkwassersperren. Diss. TU Dresden. Fak. Bau-, Wasser- und Forstwesen, 1973, 186 S.

[186] THOMANN, R. V., D. S. SZUMSKI, D. M. DI TORO, D. J. O'CONNOR: A food chain model of Cadmium in western lake Erie. Water Research 8 (1974), 841—849.

[187] GNAUCK, A. H.: Mathematische Modellierung der Veränderung der Wasserbeschaffenheit in Trinkwassertalsperren. Acta hydrochim. hydrobiol. 3 (1975), 479—487.

[188] D. M. DI TORO, D. J. O'CONNOR, R. V. THOMANN: Phytoplankton — zooplankton — nutrient interaction model for western lake Erie. Systems Analysis and Simulation in Ecology, vol. III (1975), 423—474.

[189] UHLMANN, D., J. BENNDORF, A. GNAUCK: Development of models for predicting phytoplankton development and water quality in eutrophicated impounded waters. Proceed. of EUTROSYM '76 (1976), vol. III, 387—415.

[190] THOMANN, R. V., R. P. WINFIELD, D. M. DI TORO: Modelling phytoplankton in Lake Ontario (IFYGL), Proceed. 17th Conf. Great. Lekcs Res. (1974), 135—149

[191] SCHELLENBERGER, G.: Über den Energiefluß in aquatischen Ökosystemen. Abhandl. AdW der DDR 1974, 27—31 (Berlin 1976).

[192] SCHELLENBERGER, G.: Ein Modell für die Primärproduktion in Flachgewässern. Limnologica 10 (1976), 453—458.

[193] SCHNESE, W., G. SCHELLENBERGER: Material circulation and the flow of energy in the coastal waters of the southern Baltic and problems in modelling them. Proceed. of EUTROSYM '76 (1976), vol. III, 306—325.

[194] STRAŠKRABA, M.: Empirical and analytical models of eutrophication. Proceed. of EUTROSYM '76 (1976), vol. III, 352—371.

[195] BECKER, A.: Entwicklungstendenzen bei der wasserwirtschaftlichen Planung und Prozeßsteuerung in Flußgebieten. WWT 26 (1976), 399—405.

[196] OTTO, W.: The integrated water resources control system of the GDR. Proceed. of EUTROSYM '76 (1976), vol. II, 142—151.

[197] LÖSEL, P.: Stärkere Nutzung der Erfahrungen der RGW-Forschung. WWT 26 (1976), 397—399.

[198] UNESCO: Programme hydrologique international (PHI). Première Session du Conseil intergouvernemental, Paris, 9—17 avril 1975. Rapport final, SC/MD/48. Paris, 1975.

[199] MAB Report Series No 5 (1972), Expert Panel on Project 5: Ecological effects of human activities on the value and resources of lakes, marshes, rivers, deltas, estuaries and coastal zones. — Report UNESCO, Paris, Sc 72/Conf. 142/3.

[200] Das UNESCO-Programm „Man and Biosphere". Wiss. Informationszentrum der AdW der DDR. Informationen aus Wiss. u. Technik 1973, No. 15.

[201] Imevbore, A. M. A.: Education and training for solving eutrophication problems in freshwater. General Report. Proceed. of EUTROSYM '76 (1976), vol. V, 149–161.
[202] Haberer, K.: Trinkwassser im Umweltschutz. GWF-Wasser/Abwasser 113 (1972), 486–393.
[203] Uhlmann, D., H. Klapper: Kurz- und langfristige Auswirkungen der Abwasserbelastung der Gewässer auf ihren Erholungswert. Wiss. Z. TU Dresden 28 (1973), 682–685.
[204] Fjodorov, E. K.: Die Wechselwirkung zwischen Natur und Gesellschaft. Berlin, 1974.
[205] Limnologische Bibliographie ausgewählter Arbeiten von Autoren der DDR. Mitteil. Inst. f. Wasserwirtschaft. Sonderheft anläßlich EUTROSYM '76, Berlin 1976, 441 S.
[206] Giefer, G. J.: Sources of information in water resources. Water Information Center, Port Washington, 1976.

FSC
www.fsc.org
MIX
Papier | Fördert gute Waldnutzung
FSC® C083411

Zeitfracht Medien GmbH
Ferdinand-Jühlke-Straße 7
99095 Erfurt, Deutschland
produktsicherheit@kolibri360.de